Because I Love Her

34 Women Writers Reflect on the Mother-Daughter Bond

母女情深

34位女性作家深情分享母女牵绊

〔美〕安德里亚·N. 理查森　编
张培　译

2017年·北京

BECAUSE I LOVE HER

34 Women Writers Reflect on the Mother-Daughter Bond

Copyright © 2009 by Andrea N. Richesin

Translation copyright © 2017 by The Commercial Press, Ltd.

All rights reserved including the right of reproduction in whole or in part in any form. This edition is published by arrangement with Harlequin Books S.A.

This is a work of fiction. Names, characters, places and incidents are either the product of the author's imagination or are used fictitiously, and any resemblance to actual persons, living or dead, business establishments, events or locales is entirely coincidental.

Simplified Chinese rights arranged through CA-LINK International LLC (www.ca-link.com)

写在前面的赞言

从女儿身上，我们看到了不同版本的自己：早年的希望与梦想，多年的自我发现和努力，只为追求人生的目标。人生充满了无限可能和挑战，以及作为一个女人和母亲的幸福。这本书深度探索了女儿们和我们自己，抓住了折磨我们、启迪我们的母女关系。

——《母亲的战争》的编辑和《疯狂的爱》的作者　莱斯利·摩根·斯坦纳

这是一本关于人类最复杂关系的书，很丰富，很多样，你会一口气从头读到尾，还会一遍一遍回味。这些文章，有些嘲弄、幽默，有些愤怒、宽恕，有些悲伤、快乐，有些甚至融合了所有这些情绪。这本书充满了希望和满满的、满满的爱。

——纽约时报最畅销小说《让爱走进来》的作者
玛丽萨·德·罗斯桑多斯

这本书给我留下了如此深的印象。字里行间透露出的真实是需要很大勇气的。有的文章华丽耀眼，有的则充满了悲伤，但它们都很深刻，刺激着你的阅读欲望。我不可抑制的一页接着一页地翻看，寻找到慰藉、理解和灵感。

——《一切的中心》和《剩下的生活》的作者　劳拉·莫里亚蒂

《母女情深》，尼基·理查森把34位女作家联合在了一起，将神秘和复杂的情绪融入进母与女的关系纽带。这里有幽默、心碎、迷惘，当然，最主要的，是爱。这里充满了智慧、灵感和深沉的自我。这本书会推动你给母亲打个电话，给女儿一个拥抱，甚至会达成更深的谅解与关爱。

——纽约时报最畅销小说《大雾之年》和《都是陌生人》的作者
米歇尔·理查蒙德

面对女儿的时候，最难过的莫过于发现自己曾经多么对不起母亲，在她脆弱的时候，你的表现多么令人失望，对她多么苛刻……。但是，就像《母女情深》里面说的一样，这也是生养一个女儿，上天赐予你的礼物。

——《左右看》和《流产与生活》的作者　詹妮弗·鲍姆甘德尔

我们同时也都是女儿，所以这本书才最有必要阅读，它是丰润的滋补品。

——《离婚日记》的作者　苏珊娜·芬娜莫尔

《母女情深》充满了触碰心灵的，痛苦的，无价的母女时刻。任何那些爱过、恨过、怕过母亲的人都应珍惜这本书。

——纽约时报最畅销小说《卡车女孩儿》的作者　凯蒂·克劳奇

这是一本丰富的书，放松了那条紧绷的神经。我们都拥有母亲，我们之中的有些人拥有女儿，这是多么棘手，多么幸福的关系。书中的作者显示了很大的勇气，她们富有洞察力，宽容，有爱。

——《我中年未婚的倒霉事儿》的作者　简·甘纳尔

读着这本书，就好像加入了全天下最棒的妈妈同盟会，还不用离开自己家，你可以在任何方便的时间阅读。这些种类各异的文章风趣、悲伤，又是那么熟悉。任何做过母女的人，或任何曾经是孩子的人，都能在其中发现自我，发现母女之间最本真的纽带。

——《月亮公主》和《爱荷华，红橡树的第一个报纸女孩儿》的作者
伊丽莎白·斯塔基·弗兰奇

谨以此书献给我的母亲黛比·理查森

和我的女儿莉莉·沃尔维克

并以此纪念

黛博拉·麦克克林顿和特蕾莎·邓肯

我已经不再幻想——这是无法找回的孩子的幻想。

我想要与她对话,

袒露我们所有的伤,

分享我们作为母与女的痛,

最终,

无话不说。

——《生自女人》阿德瑞恩·里奇

目 录

前言......... 1
安德里亚·N.理查森

装满妈妈 1
杰奎琳·米查德

永记不忘的事 8
凯瑟琳·森特

发誓承诺 17
安·玛丽·菲尔德

心声 25
谢拉·科勒

园丁妈妈 35
凯瑟琳·纽曼

妈妈50岁 40
卓西·梅恩纳德

面具之下 47
艾瑞卡·鲁兹

母女疗法：主治暂时性抚育焦虑症 56
朱莉安娜·巴格特

管好钱包 66
海瑟·斯薇

情愿的付出 75
玛丽·豪格

母亲的意味 84
芭芭拉·拉斯科夫

近海 91
泰拉·布雷·史密斯

有毒的钢笔 101
盖勒·布兰迪斯

不是她理想的女儿 108
安·胡德

原谅 113
爱丽丝·米勒

文尼和英吉,玛格利特和我 122
阿温·海利德

浴缸里的启示 128
凯瑟琳·克劳福德

这才是最重要的 136
艾伦·苏斯曼

别人的妈妈 143
卡特里娜·昂斯戴德

说你，说我 155
艾米丽·富兰克林

无与伦比的真实 165
卡拉·戴夫林

布鲁克林女孩儿 175
萨拉·伍斯特

母亲的韵致 184
安·费舍·沃斯

可能的你 192
阿曼达·奎妮

电话密友 203
劳瑞·格温·沙彼洛

寻找妈妈 218
考伊·哈特·赫明斯

学会倾听 223
阿什莉·沃里克

身体还记得 231
露西卡·奥尔思

妈妈的约会建言 238
奎因·德尔顿

海滨一天 247
卡罗来·法雷尔

前方有龙 258
凯伦·卡博

我该对她说些什么? 268
瑞秋·萨拉

屋里屋外 ……… 277
凯伦·琼伊·福勒

"别来烦我,除非你眼睛流血了" ……… 287
苏珊·微格斯

关于作者 ……… 295
鸣谢 ……… 303
版权说明 ……… 305
关于本书编者 ……… 309

前　言

如果可以，你会对自己的母亲和女儿说些什么？如果所有的自我怀疑都消失了，如果诚实是唯一的选择，你会对她们说些什么？

我对《母女情深》的作者们提出了同样的问题，只为了她们真实的自我。

对于有些人来说，回答这些问题的确很难。她们会惊讶地发现自己竟然爱得那么深，久远的记忆再次浮现，真实在讲述中流露。为了母亲和女儿，我们付出了一切，但有的时候她们需要的只是我们的爱和了解。

《母女情深》揭示了母女之间最亲密的纽带，展现了一个个为人母、为人祖母的故事和秘密，讲述了一代人与一代人之间的情感纠葛，从妈妈犯过的错误中吸取教训，并且最终作为女儿原谅她们。

这本书收录了来自凯伦·琼伊·福勒、杰奎莱茵·米查德、苏珊·微格斯、谢拉·科勒、卓西·梅恩纳德、凯瑟琳·纽曼、安·胡德以及其他多位作家的不寻常的作品。她们有些承认欠了母亲很多,并决心尽心培养自己的女儿;有些写到母亲所教授的东西,同样也是她们希望继续传承给女儿的,她们将自己作为母亲和女儿之间的桥梁,并从中得到顿悟。这些女人经历迥异,有些人的母亲患有精神疾病,有些人的母亲则从未出现,这些女人已经鼓起勇气,来宽容一切。

同时作为母亲和女儿,一个女人其实站在一面三棱镜前,看得见过去,也看得见可能的未来。就像凯瑟琳·森特在她的文章中所表达的那样:"人不可能得到全部。必须舍弃过去,才能迎来新生。做孩子和做妈妈不可兼得,既幼稚又成熟是不可能的,明了现在却同时感受着过去,也是不可能的"。

毕竟,为人之母也算是一种继承,从母亲、外祖母那里继承而来。我们的一颦一笑,我们的双手,我们的眼睛、幽默感,家庭的温暖,血液中蕴藏的激情,都从妈妈那里得来,都是传家宝。我们向女儿们传递着家族的故事:久远的私语,钟爱的书籍,电影,对财富的渴望,对幸福生活的期盼。

我们泪眼婆娑地向母亲寻求慰藉、建议、支持,为脱缰的生活寻找一个答案。就像本书作者之一艾瑞卡·鲁兹的外祖母在《跟我猜谜》一书中写道:"妈妈,妈妈,你得扛起整个世界。"也许,正是这样的对妈妈们的白描,可以让我们彻底认识、尊重她们的付出和牺牲。

很多女人都希望了解母亲的秘密，了解她的生活。就像玛丽·豪格在她精彩的文章中写到的那样："但是，我需要的东西，她却以一种无意识的自私带进了坟墓。我要的是关于她的真相——这是唯一可以重塑我们母女关系的关键，我要的是打破一切沉默的坦诚。"我们永远会认为只要了解了未知的母亲就能更好地了解自己。

很多作者是那么怀念已经去世的或从未有过的母亲，卓西·梅恩纳德、安·费舍·沃斯、劳瑞·格温·沙彼洛、凯伦·卡博和杰奎莱茵·米查德都是如此。比如凯瑟琳·森特希望她那"年轻的妈妈"开着那辆萨博曼来接她回到童年的家吃意大利面的晚餐。这当然已经逝去，只是赤裸裸的怀旧，凯瑟琳发现："我们心里都装着妈妈的影子。"

本书的作者都从母亲或外祖母那里继承了很多才华，比如园艺技巧（凯瑟琳·纽曼的《园丁妈妈》），讨价还价的技巧（海瑟·斯薇），强迫症（朱莉安娜·巴格特和她的女儿），唱歌（苏珊·微格斯），以及对读书深深的迷恋（萨拉·伍斯特和劳瑞·格温·沙彼洛）。盖勒·布兰迪斯的妈妈教她如何使用"毒笔"使写作充满力量，而这也正是盖勒希望继续传授给女儿的——告诉她在逆境中如何坚持自己的立场。谢拉·科勒从抚养聋女以及另外两个正常的女儿中学到"要接受，而不是一味强求改变"。她的女儿斯贝里教会了她该如何倾听。

很多作者还深入探讨了各代母女之间的纠葛，比如艾瑞卡·鲁兹、凯瑟琳·纽曼、劳瑞·格温·沙彼洛。鲁兹从外祖母和母亲身上学到：创造力不是选择，而是生活的动力。劳瑞·格温·沙彼洛与她妈妈交流的最好方法是一本儿童书。当劳瑞的妈妈被诊断出患有癌症的时候，她发现自己在妈妈去世之前一直都很乐观，但是，当她的女儿读了《夏洛特的网》，问她什么是死亡的时候，一切都改变了。

在本书中，你还会发现，妈妈们以不经意的方式改变着我们的生活。卡特里娜·昂斯戴德发现好朋友的妈妈对自己的青年时代影响巨大。别人的妈妈：小气的，单身的，已故的，都能让她对自己的妈妈更加理解，这些妈妈们让她害怕，让她沉迷，而她自己也最终成为了某人的妈妈。芭芭拉·拉斯科夫朋友的妈妈——施华茨太太看起来比她自己的妈妈更有意思，更让人喜欢。卡拉·戴夫林和自己的女儿之间并没有血缘关系，但是她决心一定不走自己母亲走过的错误老路。

安·玛丽·菲尔德的《发誓承诺》，泰拉·布雷·史密斯的《近海》都讲述了原谅母亲的方法。当安只有十几岁的时候，她的妈妈就死在了自己的家里，死亡对她来说只是完成了最后的仪式而已。20年后，安自己也成为了一位母亲，面对女儿的提问："妈妈，你的妈妈在哪里？"安展开了内心的挣扎和思考，她的妈妈曾经是一个什么样的人，她希望自己成为什么样的妈妈。泰拉·布雷·史密斯和母亲玩了多年的躲猫猫，一直试图帮助她，了解她。

她守护着母亲，扮演着母亲的母亲。最终，她顿悟"成年有一件事最棒，就是每个成年人都要为自己负责，一旦过了某个年龄段，人必须学会自己照顾自己。"

很多作者把母亲视为榜样，在《情愿的付出》中，安·费舍·沃斯写到自己与母亲和女儿亲密的关系。虽然被两次婚姻阻隔，但是她想出了很多和女儿亲近的办法，她们都热爱诗歌，她们都是有活力的人。

阿什莉·沃里克赞美她母亲在困境中的坚持，对爱的执着，使坏事变成好事的神奇能力。凯瑟琳·克劳福德传授给女儿最宝贵的箴言是——爱护和尊重自己的身体，看看现在我们周围的这些女孩子们吧，这是个极棒的礼物。在《寻找妈妈》一文中，考伊·哈特·赫明斯觉得如果她和妈妈都是高中生的话，一定会成为好朋友，这个想法给她带来很多安慰。

爱丽丝·米勒有了自己的孩子，她发现无论过去怎样，现在却很需要母亲的建议和帮助。她妈妈赞美忘记的力量，忽视叛逆的她无心的脏话。现在她也要学会运用这种能力，学会原谅。

海瑟·斯薇希望她的女儿"对于欲望，要三思，学会区分想要和需要之间的区别"。阿曼达·奎妮的文章是一封写给女儿的信，而这个女儿她正在努力怀上。她向这位"可能的女儿"描述了拥有一个因毒品交易在监狱服役12年的母亲的感受，她向女儿解释，因为生活中的这些混乱，当她的身体适合怀孕的时候，生活却不允许她怀孕。但是现在，一切都平静下来了，她的妈妈被释放出狱，她自己也从过去的遭遇中成熟了。

　　现在来谈谈编者我自己的亲身感受。小的时候，十岁左右，我也曾幻想将来生个小姑娘。当时的我对做妈妈一点儿概念也没有，只是觉得人生就该如此。只有成为一位母亲，才能真正理解和认识自己的母亲，才能发现为了你，她曾付出了多少，牺牲了多少。这种认知一旦达成，你就会自然而然惊讶于母亲的伟大。

　　1971年6月，妈妈和爸爸结婚了，她穿了一件中长款白色连衣裙，而我就在那里，在她的手捧花束下面就是我，等着在七个月后降临世界。我的母亲在非常年轻的时候生下了我，我欠她很多，她牺牲了自己的整个青春来照顾我的姐姐和我。但是妈妈不认为这是牺牲，她说那些年她最幸福，幼龄的我们是那么可爱。我相信她，但是我禁不住会想，当我和姐姐二十几岁踏上人生的冒险旅途，她会不会嫉妒，会不会后悔。作为一位年轻的家庭主妇，妈妈是家庭教师协会的主席；做过送餐的志愿者；每两周到学校去给教师当助手（我的同学们还会高兴的跑过去叫她"黛比太太"）；烹制曲奇饼干，举办家庭聚会；亲手缝制衣服，还给我们的布娃娃当裁缝；她给我们做的万圣节化妆礼服让别的小朋友租来的衣服看起来逊毙了。她坐在书堆中，拿着一本书读给我听，直到呻吟沙哑。被她拥抱着，注意力集中地听着她读书，我觉得自己很重要，觉得妈妈很爱我，觉得被书里的句子和唤起的想象包围着是那么幸福。作为一个那么年轻的母亲，她把这一切做得那么得心应手。总之，她是个不可超越的好榜样，不可多得的好妈妈。

刚刚成为一位母亲的时候，我突然发现这是一股强大的推力。有个小人出现在了我身边，在噩梦中喊我"妈咪"，期待着我回答她所有的疑问。女儿降生了，我面对的不仅是一个小小姑娘，这还是一个未来的女人，在她的身上有我的影子，有我对未来的期待和梦想。

我知道，这只是开始。我要为女儿做好准备，去迎接生活中的一切：和闺蜜闹别扭，父母或老师的怒火，第一次心碎，上大学。当她被猛力投射进生活的漩涡，她将需要我的全力支持，我自己也要勇敢，要比四年前她突然闯进我的生活的时候还要勇敢。

玛丽·奥利弗在她著名的诗歌"黑水森里"里解释过，在这个世界上生存下来，你必须做到三件事："爱上一个凡人；紧紧地将他（她）抱紧，紧贴着你的皮肤，你的骨头；当时机到来，要学会放手，放手。"我的女儿每天都在教导我如何放手，要允许她摔倒，允许她犯错，允许她长大，允许她离开。这将是最最艰难的任务。我小心地跟在她的身后，提防着每一个尖刺，悬崖，地坑，这些都有可能将她永远带走。但是我不会阻止她探索。我希望能够鼓励她冒险，防止自己保护她的欲望成为她前进的阻拦。最重要的，如果我能够使她自信，使她珍惜自己，那么作为一位母亲，我是合格的。

在母亲身上，我们学到了很多，直接的也好，间接的也好，通过观察她们的生活，她们的选择。我们爱她们，我们也因为她们而苦恼，害怕成为她们。但是，我们会因为对她们的爱而成为更好的母亲，从她们的错误和脆弱中变得更坚强。

我认为学会做母亲，做女儿，意味着学会原谅自己的愚蠢和疏忽，同时也把同样的原谅赠与我们所爱的人。原谅母亲的过错，真正认识她是什么样的人，也能帮助我们教育子女，让她们更好地成长。

《母女情深》的作者们努力地理解着她们的母亲生活过的环境，遇到的挑战，以及被赐予的机遇。她们害怕重复过去的悲剧。母亲是她们的人格榜样，是她们生理和心理的地图。女儿则是她们生命的延续。在这里，一个个感人至深的故事诉说着母亲、女儿和家庭的种种情感羁绊。

安德里亚·N.理查森
于加利福尼亚圣拉斐尔
2008 年 8 月

装满妈妈

杰奎琳·米查德

> 千百颗露珠迎来了黎明
> 千百只蜜蜂在花间飞舞
> 千百朵蝴蝶在草间闪耀
> 万千世界却只有一个母亲
> ——乔治·库伯《唯一母亲》

我把自己照顾得很好——每周至少工作五天,准时刷牙,躲避二手烟,不喝第二杯红酒。我的祖父祖母都活到了八九十岁。那么我为什么还要把每天过得像最后一天一样,与孩子们分分秒秒在一起,照各种照片,摄制各种影像留念,希望最后起码能有一半儿被保存下来。

我是个满满当当的妈妈。

我要以防万一。

那么,为什么呢?

我知道这挺疯狂的。我有七个孩子,她们人手一本记录自己童年轨迹的书,《追忆似水年华》的作者普鲁斯特见了也会羡慕。我认识的所有人,哪怕是最尽职的妈妈,也不会保留所有孩子的出生证明和小脚印。当然,这是有偿的(你可以从七个孩子这一点猜到),有些孩子是别人生的。

我有自己的理由。

有一种表情,你知道吗?就是当人们知道自己的母亲、婆婆或丈母娘要来看望你的时候,这种表情就会出现在她们脸上。这种表情千篇一律,这种表情也正是我的答案。朋友们转着眼睛告诉我,虽然她们深爱自己的母亲、婆婆和丈母娘,但是一想到她们要来,想到她们那些关于如何抚养孩子的唠叨,对每件事——比如营养或室内装修风格——都挑挑拣拣、品评批评,她们的头就胀痛得很。

我禁不住,想哭。

我一点儿也想象不出作为成年人和母亲或婆婆或丈母娘在一起的样子。还梳着小辫子的年纪,我便失去了被唠叨、被关爱、被珍视、被折磨的感觉。时间久了,妈妈的影像开始模糊,那个有自己的朋友、自己的爱好、自己的工作和丰富社交生活的妈妈,那个本可以准备参加她大外孙毕业典礼、哄逗着她小外孙的妈妈。生活,永远不如人意。

我19岁,弟弟15岁的时候,母亲死于脑瘤。这个恶疾夺走了她的美貌和智慧,感恩节那天确诊,情人节之前她便已经离世了。

作为一个半大的女人，生命中从此失去了最强大的推进力量，面对接下来的人生，我自问：剩下的人生我该令什么人骄傲呢？母亲很严格，给我定了很多规矩：我必须举止得体，衣着整洁，十一岁开始抹粉刺膏，还得坚持做仰卧起坐。她经常说："记住，孩子，给你取名为杰奎莱茵·肯尼迪·昂纳西斯*是有目的的。"很小的时候，就听她说过："肯尼迪夫人一生荣光，而且她的苗条是出了名的。"妈妈对自己在文化上（和身材上）的要求特别高，中学辍学的她坚持学习我们的课本，学拉丁语和俄罗斯文学，她可以翻译墓碑上的外文，还说《安娜·卡列尼娜》是最好的书。如果她有机会接受良好教育，一定是个企业家。

作为一个母亲，她并不完美。她酗酒，抽烟抽得也凶。她很大胆，50岁了还敢侧空翻。她风趣、迷人、侠义，有时候也很残酷。

但是，她得病之前，我就总感觉和她在一起的时间是那么有限。事实上，记忆中完整珍贵保存的关于她的美好记忆只有两段。一个是我上二年级的时候，有一天妈妈接我放学，她开车带我来到动物园后面的一片森林，那里本来要被一个富商开发成高档住宅区。那里有小路、路灯和公园围栏。最棒的是，透过这些围栏，我们能看到动物园里面通常不对外开放的部分——大象洗澡，长颈鹿妈妈给孩子们喂奶。我们就这么长时间地看着动物们照顾它们的小崽，眼睛都不眨一下。还有一次，是我长大以后，妈

---

* 曾为美国第一夫人。

妈来到我有生以来的第一个公寓。当时的我在工作，她帮我挂上用鲜亮床单改制的窗帘，还做了奶酪西红柿三明治。她去世后，闻着她毛衣上的味道（古龙水和香烟的混合香味），我伤心到胃疼，这些美好的记忆就会跳出来，头脑中响起她最爱听的那首歌《我的朋友》的旋律。

你也许会问，这期间，我的爸爸去哪里了。

他根本就不在。我和弟弟努力挽留过他，但他还是对我们说："我不是个家庭型的男人。"父亲在我40岁的时候去世了，之前他一直和另一个女人住在一起。他死于布赖特氏病，一种在维多利亚时代英格兰下层民众间普遍存在的肾病，21世纪的美国人如果每日饮用大量的杜松子酒也会患上这种病。三十几岁时，我失去了丈夫，伤痛治疗师说，听我描述和父亲的紧张关系，她觉得我有恋母情结。

一点儿也不奇怪，我嫉妒那些有母亲的朋友，哪怕是很难相处的母亲。

我愿意付出一切换来一个喷了香奈尔香水，到我家对我指指点点的女人。我渴望她告诫我别在背后说父母的坏话，给我织不穿不行的奇怪毛衣，整理我的抽屉，给我做奶酪西红柿三明治，给我的孩子们买又贵又丑的羊毛大衣。

多年来，我渴望着母亲，我到处寻找。

我的第一任丈夫也是个孤儿，21岁父母双亡。我们从《斯波克博士婴儿护理》上学会给孩子换尿布。他离开了，还是癌症

（我知道这听起来很可怕，但是我们在一起的15年很快乐，我们一起生了三个男孩儿）。四年后，我嫁给了第二任丈夫，他的妈妈特别棒。她聪明、美丽、时髦、爱看书，特别可爱。唯一的问题是，丈夫比我小十岁，她妈妈十几岁就生了他。她用最甜蜜的方式表达了她不想成为一个婆婆的愿望，她要当我的姐姐。50岁当了奶奶对她来说是个打击。当我和丈夫之间出了问题，她很明确地表示她绝不会在任何问题上反对儿子。"妈妈"一词，我一直呼之欲出，但是直呼她的名字却更能让她高兴。

那么接下来，我选择怎么做呢？

对于自己的女儿，我将自己深植于她们的记忆里，这是我所没有的幸福。

你可不能说我是个过度溺爱、令人窒息的妈妈。我鼓励她们登山、潜水、扬帆，鼓励她们接受精神和物质上的挑战，但可不是爱上当地吸毒小混混这类的挑战。

我鼓励她们独立。

但是，当然，她们的日常生活也充满了妈妈。野餐盒里的叮咛纸条，爸爸不在家时卧室里的家庭影院，分享女孩儿们都喜欢看的书，和12岁的弗兰西出去喝咖啡，陪9岁的米娅买化妆品。我们三个女人经常一起去听音乐会，出差的时候如果可以，我会带上一个和我一起去。我给她们唱妈妈曾经给我唱过的歌，这是我的最爱。我过分地告诉她们，我收养她们是因为屋子里有太多男孩子了，实在受不了就收养了一个，我太爱她了，所以迫不及待地又收养了一个。

床头,有一本手工制作的书,上面记满了两个小姑娘说过的话,还有我对她们的感受。我知道,她们有一天会找到这本日记,她们会为之流泪(我已经为之流泪了)。但它绝不是我从另一个世界传来的箴言。我自己手头保留的唯一一张来自母亲的纸是一张杂物单。女儿们将会从我这里得到所有:当两岁的弗兰西得知我们将会迎来一个小妹妹的时候,她哭了。"妈妈啊,你要送给我一个我啊。"我把这些写了下来。我还写了米娅多么喜欢躲猫猫,我写了四岁的时候,她问我:"我的脚什么时候才能长高到可以穿高跟鞋,妈妈?"我在书里面贴上孩子们照的照片,它们有一个共同的特点,就是只能照到地上三英寸的地方,里面所有的人物都只能看到躯干,看不到头。

女儿们都单纯地认为我会永远活下去。还高兴地表示当她们结婚以后,要我住在她们家的阁楼上。她们高兴地问我死了以后,谁能得到我的什么东西。但是比红宝石戒指和红宝石鞋更珍贵的是妈妈,你不知道自己什么时候需要她,而当你需要的时候,她就在身边,你不知道这多么幸福。弗兰西和米娅不会只得到几张退了色的照片,如果我活不到看到她们的孩子的那一天,至少对孙子孙女来说我不是个谜,他们会看到我的故事,有声的影像,成捆的丝带,还有菜谱。我虽然不是大厨,但是每周至少有一天会早早起来做香喷喷的蛋糕早点,惊喜早餐的香味会顺着楼梯爬上去叫孩子们起床。米娅有一次跟她最好的朋友说:"你发誓不告诉你妈妈我妈妈怎么做面包片，这可是获过奖的。"我在制作圣诞节饼干上花了大量的心思，我让每个孩子都动手参与，我们还一起拼了一副有四百多片的意大利饼干拼图。我在她们身边，她们能够真切地感受到我的存在，虽然他们能自己读书了，我还是会给他们朗读《蔷薇盛开的地方》和《格林盖堡的安娜》，还有童谣"地主的黑亮亮大眼睛女儿，在她那乌黑浓密的秀发上，系上一个深红色可爱的蝴蝶结"。

　　如果有一天，我逝去了，米娅和弗兰西不仅仅曾经拥有过一个好妈妈，她们还会懂得该如何去做一个妈妈。但是，更重要的，我馈赠给她们的最好的礼物——一种强烈地被妈妈围绕的幸福感，一把遮蔽乌云、遮风挡雨的大伞。虽然这是一把无形的伞，只是一些记忆的汇聚，但是，正像我的某位作家朋友不久前所说的那样，"想象所带来的巨大慰藉是无法想象的。"这或许是我们能够拥有的最真实的东西。

永记不忘的事

凯瑟琳·森特

> 窗外的月光倾泻出你心中熟知的爱的诗篇。
> ——比利·柯林斯《永难忘记》

我们家有两个孩子，一个两岁，一个五岁，喜欢光溜溜。在床上跳啊跳，很好，光溜溜地在床上跳，更好；躲在衣柜里，很好，光溜溜地躲在里面，更好。总之，任何事光溜溜的就是最好的。光溜溜地躲猫猫、跑圈圈、光溜溜地刷牙、吃早餐。动物园里的动物就什么也不穿，它们最好。

只有一件事，光溜溜地不好，就是洗澡，穿上袜子洗澡要好得多。

除了洗澡，只要她们能想得起来，就一定会把衣服脱得光光的，享受赤裸带来的特殊的简单的快感，真不知道他们是怎么知道的。

我知道我应该把这些都录下来。应该把生日聚会、公园旅行以及其他欢乐的时光，甚至偶尔的悲伤痛哭都录下。保持生活的真实面目。但是，我坦白，当女儿安娜还是小宝宝的时候，那时她刚学会到处爬，我一路拍摄她满屋子爬来爬去，然后她向拿着录像机的我爬过来，把头高高抬起，却突然失去了平衡，头重重地碰到了硬木地板上，摄像机被扔在沙发上，接下来便失去了焦距，我的声音响起："他妈的！妈的，妈的，妈的，妈的！"还有宝宝无休止的哭声，滔滔不绝。

我把录像带做了删减，她爬啊，爬啊，爬啊，一点儿也看不出来后来惨痛的跟头，然后画面切换到安娜坐在一辆走步车里，稳稳地、安全地向他爸爸走去，爸爸正在单腿跳来跳去，给她唱一首儿歌，关于她的小鼻子，小脚趾和小玫瑰。如今，每次翻看安娜小时候的录像，看到她爬来爬去的画面，我都会心生恐惧，画面突然切换后，我才踏实下来，危机解除！她和爸爸在一起很安全，仿佛那个跟头从没发生过，跟生活相比，仿佛录像才更真实。

我应该录下的东西太多了，特别是那些我已经记不起来的事情：安娜摆弄印台，结果墨水都洒在身上了。汤玛斯穿上她姐姐演小飞侠的服装，系着腰带，宣布自己是彼得潘。所有这些细小的画面犹如生活之海的浪花，碎了，消失了。

我所记录下来的远远不够。即使我知道，总有一天，这些淘气的小人儿，这些打我一睁眼就开始问东问西、时刻不得安宁的小人儿们会消失掉。当然，不是表面意义上的不见了，他们还在这里，还是我的孩子们。但是，他们长大了。

总有一天，他们将改变，我像所有父母一样对此心知肚明，录像机、数码相机、宝宝日志、储藏室里的宝宝睡衣和儿童涂鸦都对此心知肚明。除了留住能留住的，还能做些什么呢？

但是，我很健忘。总是忘了给电池充电，万事也从不事先计划。内心里有个声音说，时刻对着录像机有时候挺紧张的；还有个声音说，与其通过镜头看，不如通过自己的眼睛看。

女儿三岁生日，我就忘了提前给电池充电，那可是我这辈子最美好的一天。我们在母亲的后院里开了一个蝴蝶主题的派对，那是个最明亮的春日，天气很凉爽，太阳暖暖地照着，草色鲜嫩，头顶阳台上的泡泡机吐出成百上千的彩色泡泡。一个朋友给每个小朋友脸上画上蝴蝶妆，鼻子是蝴蝶的肚子，两颊画上亮红色和蓝色的翅膀，长长的弯曲的卷须布满额头。

我对那一天的回忆还很生动，于是我不禁想到如果当时我手忙脚乱地摆弄摄像机，在人群中穿梭，我的记忆还会是如此美丽吗？也许，应该充分参与，尽情享受，然后随它去吧。

我如此这般反反复复，犹疑不定。我和孩子们的相处当然不少，偶尔缺少一部分并不代表整体都会消失。日复一日，我越来越觉得，为人父母，是一项长期的工程。它是如此漫长，偶尔走神儿是常有的事。查查邮件，翻翻杂志都很正常。我怎么可能永远都认为看着孩子摆弄家里的割草机或弄破一整袋猫粮比听某个名人的八卦新闻更有趣。这不可能，绝对。

我们还小的时候，我妈妈的手提袋里总装着一个超 8 摄像机，几年前的一个圣诞节，父母把这些影像放给我和姐姐看，接下来的几个月，我的孩子们和我几乎每晚都看这些录像。

刚开始，我笑得前仰后合，看到自己小时候肥嘟嘟的腿在沙滩上乱踢，看到我们坐在迪士尼乐园滑车上，头发在空中乱飞，看到我们在老家的后院里寻找复活节彩蛋。我会指着屏幕给孩子们讲解每一个情节，"那是小时候的妈妈！那是小时候的拉拉姨妈！那是年轻的奶奶！"孩子们很爱看，但是画面上的人和他们毫无关系。那个人是谁来着？哪个是妈妈？真的奶奶在哪里？

没过多久，看录像对我来说变成了一件悲伤的事。我发现自己每次看录像都会给妈妈打个电话，"孩子们又逼着我看录像了，"我会说，然后问她各种各样的问题"你吃什么呢现在？""你晚上睡得好吗？""你们要去哪里？"只为了让她跟我聊聊。只是让自己记住，年轻的奶奶消失了，真正的奶奶就住在不远。虽然有的时候，我那闹哄哄的充满孩子的忙碌生活不允许我经常给她打电话，但是我知道，她就在那里。

生孩子之前，从没想过养孩子是一件如此耗费精力、全身心投入的事。在我心里，老实说，曾经认为妈妈会帮我带孩子。毕竟，她什么都知道。她才是妈妈，我从来没换过尿布！曾经认为生个孩子会把我也带回童年，但其实这把我带得离童年更远。

我猛然意识到：人不可能得到全部。必须舍弃过去，才能迎来新生。又是孩子又是妈妈是不可能的，又年轻又成熟是不可能的，明了现在却同时感受着过去，也是不可能的。不可能，不可能,不可能。

但是,我发现自己的一只眼睛始终盯着已经消失的过去,好像它们随时会再现。好像我年轻的妈妈,那个我成长中熟悉的妈妈,会在某天下午开着她的萨博曼把我们都接上,回到我童年的家去吃意大利面的晚餐。

写这些文字的时候,如果妈妈就在身边,她会说我怎么总是想一些没用的东西。时光怎么可能倒流呢,它已经不存在了,这些人已经不存在了,起码是存在的形式已经变了。我回不去了,所以我得离开。

我确实离开了,当然我会离开。我并不是说这个房子比那个房子好。只是我内心的一部分当真希望1977年的母亲重新出现,然后接管一切。因为,对于正在做的事情,我真的不是很在行。也许她也一样不在行,现在的我也许就是当年的她。

但是她一定比我强,对于生活,她比我了解一千倍。她总能找到我丢了的袜子,洗掉我洗不掉的污渍,她一定能解出我三次都算不出的代数习题。我一直觉得,除了我现在所知道的一切以外,妈妈还知道好多好多其他的事,有一个宇宙那么多的事。我一直觉得,如果妈妈在身边,事情再坏也坏不到哪儿去。我知道这不是真的,但是,我还是这么觉得。

我并不像相信妈妈那样相信自己。

去年的圣诞节,孩子们患上了感冒。等他们好了,我们的隔离期结束之后,我带着他们逛商场,逛书店,以此庆祝。其实,我不太敢带着孩子们到人多的地方去,因为汤玛斯不再是家里唯一的乱跑大王、在街上乱窜大王和走丢大王了。逛商场的时候,我把他放在购物车里,接下来的30分钟,他不断地吵吵嚷嚷着要出来。

我们终于来到了书店,我把他放了出来,他立刻就跑开了(他还是个推倒图书大王),这时候女儿说她要小便,快憋死了,之前我还没让她自己小便过,虽然已经开始这方面的准备工作了,她哥哥正朝着书架跑去,所以我就放她自己去小便了,她自己一副很有信心的样子,然后我跑去拉住他哥哥,就当我刚刚拉住他胳膊的时候,听到一声尖叫,在公共场所,所有孩子的尖叫听起来都像是自己孩子发出来的。我转过身,这一次,这个尖叫确实是发自我的孩子的,透过半掩的厕所门,我看到她的小手指被门挤了。

我跑过去,推开门,告诉自己要冷静,因为我知道自己在这种情况下通常很抓狂。"没事,"我说,"没事的。"

然后我就看见了,事实上,一点儿也不"没事"。她小拇指上的指甲掉了,我是说,整个都掉了,连着一点儿皮,在手指上大开着。

如今,当我回忆起当时当日,我总会想起妈妈,她会如何处理那样的情况,记得有一次我跑到街上,摔破了膝盖回来,妈妈把我当时的膝盖称为"汉堡肉馅儿"。她用镊子把碎石子从我的伤口里取出来,她说,当时她头晕得厉害,把邻居叫了过来给她壮胆。

我清楚地知道自己应该怎样应付书店里的局面,我想象一个更好的自己更加冷静地掌控着事态,指引大家从痛苦中恢复。但是,这个更好的自己那天并没有来,在那里的只有这个普通的自己,或者,更确切地说,是一个快吓傻了的,浑身颤抖的自己。

诸多不利因素在眼前拼凑起来,我们的车停在停车场的五楼,我身上没带创可贴,没人帮我,必须由我自己来决定接下来该怎么办,想到这些,我无法冷静下来。我该把指甲整个拔下来吗?还是把它粘回去?我该把她的伤口放在水龙头下冲走细菌吗?没人告诉我答案,我也不知道怎么才能得到答案。没错儿,我失控了,我那九个指甲的女儿也比我冷静得多。她坐在一张沙发里,哭泣颤抖,书店的工作人员去找急救箱了。我如此慌张,一个旁观者甚至倾身过来说:"你的恐慌对你女儿百害而无一利。"我直接对着他的耳朵大喊:"她掉了一个手指甲!"仿佛世间所有的父母都没经历过如此可怕的突发事件一般。

这一幕,我是绝对不想录进摄像机的。

当我们的车驶下五层楼的停车场,儿子像个水手那样骂骂咧咧,女儿把她那肿胀跳动绑着绷带的手高高举起,我在路上向前面一辆龟速车大按喇叭。

"按喇叭管用吗?"丈夫嘲弄我的时候,我们已经看过医生了,孩子们也上了床。

"不怎么管用。"我说。

丈夫继续说:"他没有礼貌地让开路?"

"没有,"我说,"他反而减速了,压在边线上让我超不过去,还从窗户里向我伸出一根手指。"

"真不错。"丈夫说。

没错。

像这样的时刻，我多么想超越自我。为了换取像我妈妈那样的镇定，我愿意付出一切，然后我就能应付了。就像我摔破膝盖那天妈妈那样处理；就像她处理所有的事那样；就像她每晚为餐桌上摆上炸土豆、沙拉和里脊肉；就像她每晚工作，计算器啪啦啪啦的声音催我入眠；就像她有条不紊照顾所有的事。冰箱里总是有食物，汽车总是加满油，按时看医生，按时看牙医。无论怎样，都是有条不紊。

我很担心，孩子们不能从我的照看中获得安全感。我是丢三落四之王。五分钟前定的预约我也能马上忘记。每一个活动、截止日期或派对在我脑子里乱成一锅粥，消失不见或者在最后关头突然冒出。我列了单子，却把单子丢了。我买了个台历，却总是忘了看。别人是怎么做的呢？为什么他们做起来那么简单？或许时间久了就能做得熟练一些？我太担心自己恐怕永远成为不了她，我会一辈子总是想着妈妈，我知道，人们内心里都想着妈妈，但仅仅是想还远远不够。

总是想着，更能让我们确定其实已经失去了。或许，过去本就该消退，这是人类被赐予的福音。童年的很多记忆都已被淡忘，看着妈妈录的录像，有时候我要反应好久才会意识到这是曾经发生在我身上的事。

但是，有些回忆实实在在，真真切切。

那时候，女儿尚在襁褓，夜晚，我妈妈摇着她哄她睡觉，反复唱一首熟悉的摇篮曲。我不记得这首曲子，但是我确定，妈妈曾给我唱过。我在另一间房间，跟着她一起唱了起来。

"这是什么歌？"当妈妈把孩子放下，我问她。

"是我以前经常给你唱的一首歌。"

"叫什么名字？"

她也不知道，我们在谷歌上查。这是一首20世纪40年代流行的歌，那时候妈妈还是个小婴儿。她妈妈唱给她听，我出生的时候，姥姥就和妈妈一起唱给我听，我女儿出生了，我就和妈妈一起唱给她听。

发誓承诺

安·玛丽·菲尔德

> 为了生者,为了故人,
> 为了床下的怪物,
> 为了孩子,为了母亲,
> 心碎很痛,却让人坚强。
>
> ——金米亚·汤森《松松口》

"你的妈妈在哪里?"我女儿抬起头来问我。她的头发在头顶卷成一个松松的髻儿,有几缕卷发掉落在脖子上。她的小弟弟躺在隔壁的婴儿床里睡大觉。现在的我们享受着短暂的惬意时光,睡前我们俩坐在浴缸里,没人打扰,除了母亲的幽灵,再一次在我们之间盘旋。你怎么跟一个学龄前小孩儿解释她从没见过的20年前自杀身亡的外祖母?

关于这位外祖母,还是有可以谈一谈的东西的,比如她是个很棒的木匠和数学家,她是我见过的最辛苦的工人,她很高,身材比例棒极了，生了两个孩子之后还能穿比基尼。她自己给自己剪头发——短发，总是穿一条靴裤，但从没穿过靴子。她还喜欢画画。

但是我没有告诉帕斯卡尔，她外祖母总是画一些奇怪的面孔，比例奇特，一半儿是脸，一半儿是雾。也没告诉她，外祖母抽烟很凶，厨房餐桌上方总是弥漫着她制造的蓝色雾云。也没告诉她，外祖母在妈妈生日那天自杀了，因为对帕斯卡尔来说，生日是美好的，意味着香草糖浆和蜡烛。更重要的原因是，在帕斯卡尔这个年龄，妈妈是全部生活的中心，她不知道有一天我也是会死的。

和母亲在一起，有一个最清晰的记忆，那时我们两个都在家，和母亲在一起的机会对我来说很宝贵，那时我 15 岁，我们一起看电视上的化妆节目，那上面说，我们应该在颧骨的最高处涂抹胭脂，中间广告的时候，妈妈说，我也该试试。我们坐在沙发上，沙发是她亲自做的套，黄白色的厚羊毛布。沙发前是咖啡桌，也是自制的，简单厚重，玫瑰木的桌面斑斑点点。

我的化妆包放在咖啡桌上，妈妈用刷子在我的颧骨上轻轻地刷。这件小事让我记忆犹新，是因为我们从没有一起做过什么事，我们没有共同的爱好，爱好可以说基本上被泯灭了。当我告诉妈妈我想学小提琴，妈妈说我没有那个耳力，当我说想学摄影，她告诉我没那个眼力。很多次，我都告诫自己，不要和母亲争辩，但是每次都做不到。

"你画的地方不对，"我说。

"就画在这儿。"

"你都画错了！"还不到一会儿，我们就吵起来了。

"你最好别动我，不然我就叫儿童保护了，还要告诉他们你虐待我。"我在一个叫《好时光》的电视剧里听到的这种说词，电视剧里詹妮特·杰克森的妈妈也被这句话激怒了。

"虐待，"她咬牙切齿地说："我就让你看看什么叫虐待。"她朝着我大喊。这种感觉非常不好，就好像听到录像带上刺耳的划痕。妈妈追着我绕过沙发，我三步并作两步奔上楼梯，当着她的面重重地甩上了门，手脚都在颤抖。我锁上门，还用椅子顶在门把手下。她没有敲门，也没有试着开门，自那以后，我们没有说过话。

几个月后，当我打开另一扇门，看到她把自己吊在那里，自杀了。没有留言。几个月后，也许是几年以后，我才被告知，当时母亲被诊断出了精神分裂症，她努力治疗过，但是当她还活着的时候，我从不知道她生了病。我觉得所有的母亲都是白天工作，夜晚学习、更换破窗子，或者呆呆地盯着撒在地上的食物，那是她为我准备的盒饭，递给我时，我没接住。父亲最近给了我一张照片，上面是妈妈和我两个人，抱在一起，应该是在远足的路上。我们的手互相搂抱着，我们看起来很高兴。每当看到这张照片我都很疑惑，我不记得和她有过任何不必要的接触。

记忆中，母亲总是在工作，做那些维持家庭正常运转的所有的事。她像所有计算机专家那样长时间埋头工作,挣很多钱,把家里打扫得一尘不染。我们去看牙医,去餐厅拿外卖,但不记得和她一起看过电影、一起大声欢笑、一起磨磨蹭蹭地享受过晚餐。她没教过我唱一首歌,没告诉过我她成长的地方,她的家人我这辈子也只见过一两次。我不记得和她一起玩耍、一起参加学校或社区的活动。她没给过我任何建议或语重心长的谈话。我没跟她说过学校里发生的事,她也没问。我需要辅导的时候,也是父亲。15岁的时候,我们第一次全家旅行,去巴哈马,母亲没有参加,我们也没觉得奇怪。16岁,我还不知道母亲的宗教信仰,但是我却能完整地背出每天从下午三点到凌晨三点的电视节目表。

父亲,提供了家庭中的温暖,他舍得花钱,他喜欢跳舞,在我们吵着要糖吃的时候,他会在柠檬汁上撒一层厚厚的糖浆。我记得和他一起玩家家酒,玩益智游戏。

父亲最近来看过我们,我和丈夫大卫给他看我们种在房子旁边的竹子。高高的竹节在七平方英尺的土地上猛长,几个月就长了一倍高。生长主要发生在夜晚和清晨。后花园里,儿子利亚姆走起路来还很吃力,小腿胖胖的,摇摇摆摆,他摘掉花朵,把沙子往嘴里送。帕斯卡尔拿着小水壶一个劲儿地给植物浇水,直到细小的混合着泥浆的水流滚滚而下,我求她好歹也换棵植物浇一浇。我问父亲我们小时候的花园是什么样子的,他说:"你妈妈决不让你进到花园里,她要保持花园的完美。"

这就是了。她总是追求完美,可是在这个纷繁复杂的世界里完美是可遇不可求的，尤其是在家庭里，尤其是在有孩子的家庭里。小时候，母亲给我制作漂亮的衣服，照片里我能看出她对我的打扮多么自豪——白得发亮的鞋子，花裙子和荷叶边的袖子，淡淡橘黄色的外套和与之搭配的靴子。到了学校拍照日，她会梳顺我的棕色长发，一圈一圈整整齐齐地盘在头顶，好像顶着个工厂里做出来的小圆蛋糕。完美。但是那些把家人紧密联系在一起的事情呢？比如在晚餐的时候用最大力气喊"带我出去玩球"，然后疯子一样哈哈大笑？比如周末早晨在床上跳来跳去？比如假扮海盗，把喝醉的水手扔下桌子？比如简单地闲聊？根本就不存在。

在我那旧金山的小房子里，我的孩子们可躲不开我。几乎每顿饭、每个晚安吻时刻，我都在那里。帕斯卡尔的画作被裱了起来，挂在了所有的房间里。利亚姆在过去的一年里，每次睡觉都由我陪伴，每次睁开眼都能看到妈妈。我敢肯定，将来他们肯定会躺在心理医生的沙发上抱怨我的黏腻。通过我的存在、我的言语、我的触摸，我要他们知道他们对我有多重要。几周前，我看到帕斯卡尔和学校里的大孩子们一起玩儿我们发明的游戏，用咒语驱赶假想的妖怪。我给她和朋友们的脸上都画了彩妆。我爱死了她和朋友们分享我们的游戏，我渴望了解她的朋友，我很享受看着她们玩耍的时光。我可以连续几个小时欣赏她纯粹的情绪——欢喜、愤怒、聒噪、兴奋。这并不是说我觉得身为人母没有挣扎与痛苦，也并不是说我没有在午夜醒来担心自己做得不够好，也并不是说孩子们没有得到应得的磨练。作为母亲，我的目标很宏伟。我永远不要帕斯卡尔觉得母亲只关心她的外在，永远不要她遭受因此造成的孤独和迷茫。

  与帕斯卡尔和利亚姆在一起，我的母亲职责是双层的。当然这两层我都需要专注的练习，我很不自信。我的主要任务是：爱她，了解她内心的每一面——好的、坏的、美的、丑的，鼓励好的天性，在赢得挑战后进行奖励。我的另一个任务是：做她在这个世界上的向导，给她看美好的事物，让她开怀大笑，帮助她找到所爱，教授她风俗习惯，严重警示哪些是陷阱。喜欢什么、保留什么，则是她自己的任务。这对帕斯卡尔来说不是什么难事，她总是知道自己想要什么。经过了四天的分娩，帕斯卡尔终于降临到了这个世界上，护士把她抱到操作台上，向她的肺里插进管子检查她吞入的胎盘。她净重七磅两盎司，皮肤颜色像药店里的热水袋。她拼命地晃动着小胳膊，几乎使护士没法工作。刚出生30秒就已经很能折腾了，对自己很确定，以后也是这样。这是她最好的也是最坏的特点。在她出生之前，我从不知道自己内心里有那样一块地方，充满了以前没有过的温柔，那片温柔是一片未被开垦的处女地，仅仅看着她熟睡，我的心就被幸福感满溢。她出生前，我不知道我们两个人能够使我们彼此变得如此强大，不知道她会改变那么多我对母亲的看法。

  1950年代早期，母亲那时候还只有十岁，她的母亲离家出走了，把她留给愤怒的极度大男子主义的爸爸和哥哥。第一次，我看到了母亲受到的极大伤害，这个没有母亲的小女孩儿，发誓决不让自己的女儿遭受同样的命运。她信守了对自己的诺言，向我和姐姐证明了男人能做的事女人也能做到。我们没做过任何家务，我们被允许只做孩子。但是，终其一生辛苦工作、保证家庭一切事物顺利运转，换来的却是无法真正了解女儿。交流需要耗费很多精力。她独自埋头完成一项项任务，却没有发现，别人也没有发现，她已经把自己逼疯了。爱的缺失、孤立和不理解不断累积，将她打垮了。

当然，我最初没有看明白这一切。当帕斯卡尔那么频繁地看着我，要我为她解释这个世界时，看到她那么脆弱，我就为自己母亲当初那么投入工作，那么失败地履行母亲的职责而气愤。那些被有趣的工作和幸福的家庭包裹起来的旧伤口复发了。我事先警告过自己，生了孩子会迫使我再次面对自己的童年生活；现在看来，那样的童年仿佛更加黑暗了，因为现在的我更清楚，一个孩子的童年本来可以怎样的快乐。我花了很多年重新找回内心的平衡，但偶尔还是会被不堪回首的往事袭击。其实，一旦你用所爱之人取代所恨之事，你就不会回到过去了，只是那时我还不明白这个道理。

母亲去世之后，我在胆怯和鲁莽间疯狂摇摆。深夜，我和姐姐开着车在家附近的柏油路上狂飙，我们站在车顶的窗户里疯狂呐喊。为了快点儿到超市，我们会驶进学校后面的小树林，在高速路上不断变道。我追那些爱自己却不爱我的男孩子们。我喝烈酒，写一些扭曲的爱情歌曲，在吉他上拙劣地弹奏，一味地追求个性，看不起生活有品质的人还有喜欢穿牛仔裤的人。当然，这些如今已经全部消失了，想想都叫人捧腹。这些变得可笑，是因为别的事情后来填补了空虚——那就是我热爱的工作和我热爱的人。能够得到他们，我觉得是因为自己虽然奢侈地犯过一些愚蠢的错误，但是却有时间思考自己到底想要什么，有时间思考事物的规律——先是在安全的距离外，通过书籍、电影和音乐仔细观察，然后审视自己的和他人的生活，最后从中升华出自己追求的价值。我选择了一个爱我的，感情丰富的富有男人，遇到困难能够得到足够的帮助，并且有足够的自信去克服，哪怕改变的过程中会经历痛苦和磨难。我的转变一点儿也不完美，很费时间；我有足够的时间，是因为那时候我还没有孩子，不像母亲那样 23 岁就被孩子所累。

　　就在我写这些的时候，我只比去世时的母亲大几个月，她留给我的回忆有时还会引起痛苦，但是我已经能够把它们看成是一种牺牲了。她被环境所迫，她曾经发誓——我坚信这一点，她绝不会让自己小时候受的苦发生在孩子身上。在某种程度上，我们确实没有受那些苦。帕斯卡尔出生时，我看着她那双蓝色的大眼睛，那双很像我母亲的蓝眼睛，在心中向宇宙发出了自己的誓言。我发誓要建立爱的纽带，我们要一起经历，一起滑冰，一起上艺术课，一起举办聚会、交朋友，一起在海水里泡脚，一起笑一起哭。如果幸运，希望几十年之后，当帕斯卡尔低头看着她自己孩子时，不会像我们一样，发誓承诺。

心　声

谢拉·科勒

> 回忆的耳朵，不听自明。
> ——玛丽安娜·莫尔《思想多么神奇》

我坐着和女儿斯贝里说话的时候，她的双眼专注地看着我。后来，她把手放在我胳膊上，环顾四周，"玛莎在哪里？"她问，玛莎是她的大女儿。

"你看见玛莎了吗？"我问夏洛特——斯贝里的二女儿，她正在玩儿乐高玩具。她也不知道，咬着嘴唇摇头，棕色的大眼睛睁得大大的。我的女儿生了三个姑娘，她们就像童话故事里的小公主。玛莎的名字来自契诃夫的《三姐妹》。你看，我们是文学家庭，文字对我和丈夫来说有着举足轻重的地位。

斯贝里抱起二女儿，大步穿过曼哈顿西区公寓的一个个房间，喊着大女儿的名字。我女儿长得像我丈夫，有一双长长的腿，脖子的曲线很优美。看着她走进我的门，望着我，如果不是她怀里抱着的孩子,她简直就是个中世纪的女王。

"玛莎?你是不是躲起来了?"我大声喊得嗓子疼,在一个又一个房间里寻找,看看床下,看看扶手椅和立镜后面。

玛莎,四岁,像所有这个年龄的小孩子一样喜欢躲猫猫。她喜欢穿漂亮的衣服,我打开衣柜,检查衣服后面,斯贝里检查浴帘后面。

"我真希望她别跑到外面去了。"我说,想象着外孙女独自坐电梯下楼,迈步走上纽约危险的街区。

"她不会那么做的。"女儿像我保证,她经常让我安心。

我打开通往外面的门,看到玛莎满脸泪水地站在外面。虽然万圣节早就过了,她却穿着那件黄色的巫师装,魔杖不知道丢到哪里去了。她把自己锁在外面了,我们到处找她的时候,她就站在门外。我蹲下来,把她抱在怀里。"但是,玛莎,"我问,"你为什么不按门铃呢?"她抽泣着,那双几乎和我一模一样的灰色大眼睛茫然地看着我,我突然明白了,紧紧地把她抱在胸前。

"如果以后你像这次一样把自己锁在外面,你就按门铃,妈妈听不见,但我会听见的,然后来给你开门。"我解释道。

在海边,是我婆婆发现斯贝里有听力问题。现在想来仍然难以置信,女儿都已经一岁了,我们却什么也没有发现,或者至少几乎什么也没有发现。我记得曾经向我们那个天才的医生提到过斯贝里的嗓音有点儿高。"这正常吗?"我问他。他通过厚厚的镜片不赞同地看着我,然后简单地说:"'正常'这个词是什么意思?"

然后我就没敢再问别的了。

　　那年，我和丈夫才20岁，除了我们自己，不怎么能注意到别人。我们为爱结婚的时候，他还是个学习法国文学的耶鲁大学学生。夏天，我们到意大利海边去看他妈妈，一个炎热的早晨，我们三个坐在沙滩上，我坐在丈夫的腿上，胳膊环着他的脖子，注视着他的双眼。

　　我婆婆坐在沙滩椅上，看着斯贝里在水边玩她的绿色小桶。平静地海面波光粼粼，空气中没有一丝风，婆婆叫斯贝里的名字，她却继续低头玩着沙子，于是婆婆大声地拍了三下巴掌。然后，她的一只手放在我的胳膊上，操着南方口音对我说："你知道吗，我觉得这孩子听不见。"

　　我记得当时自己想：这个女人，这个女人，总是到处挑刺儿。我抱起女儿，把她紧紧地贴在胸前，向海水走去。海水没过了我的膝盖，戏弄着女儿的脚趾头，我抱着女儿晃来晃去，听着她咯咯咯的笑声，她的小脚忽高忽低，带起来的海水珠儿在空中闪闪发光，然后，我意识到，今后的生活再也不会如此快乐了。

　　时值八月，回到纽约的时候，天气热得不得了，几乎所有的医生都出城去了。我坐在客厅的地板上，黏黏的手指在黄页上搜来找去，我们当时租住的房子里没有空调。

　　我终于联系上了一位专家，他对我说，如果我和老公都与别人结婚，这种事就不会发生了，我们俩身上各带了一半儿的隐形基因。没准儿我们是同一个祖先？即使到那个时候，虽然医生也没

心　声

有说女儿是个聋子,我仍然拒绝相信这是真的。后来过了很久,我才突然醒悟过来,并发现自己泪流满面。我丈夫说:"哭是没有用的"。于是,我便停止了哭泣。

医生告诉我们,虽然女儿听不见,我们也要对她说话,而且要比对正常的孩子说的还要多。"你必须教她如何使用词语。"医生鼓励地说。

"怎么教聋子说话呢?"满脑子是法国文学的丈夫疑惑了。而至于我呢,我不问问题,只按照医生说的做。最容易的莫过于勤奋而执着。

"你必须尽最大努力使她意识到有声音这回事。"医生说。

完全失聪的人是很少的,助听器能够起到不少作用,多少能够帮助她矫正发音。医生给斯贝里戴上耳塞,连着两个沉重的盒子,里面是扩音器,把外界的声音扩大了通过线路传送到耳朵里的微型麦克风上。医生给了她一个棒棒糖,然后对我说:"跟她说话,直到她会说'冰淇淋'了,才给她冰淇淋吃"。

她的助听器放在小罩衫里面的纯棉背心儿里,使她胖嘟嘟的小身体变重了,走起路来像一只摇摇摆摆的茶壶。

接下来,我被介绍给一位语言医师,她是一位有着橘红色卷发的友善的女士。"跟我来,"她说,我抱着女儿跟着她走进了电梯,向着医院的深处下降,然后穿过一条绿色的、屋顶上有好多管道的长廊,走进一扇白色的大门。医师把我们领进了一间隔音室,斯贝里坐在我腿上,医师和我并肩坐下来,向我示范如何教斯贝里认字。

当时是 20 世纪 60 年代，没人跟我提起过要用手语，我反而被告知坚决不能用手势表示意思，"你必须要强势，"医师告诉我，"你必须每天都给她上课"。于是，日复一日，我把尖叫着的女儿放进高腿椅里，给她上课。她不喜欢被禁锢住，不喜欢练习。她想要在沙滩上玩小桶和小铲子。这是一场意志的比拼。每当她的小红鞋猛踢着椅子上的金属桌面，小拳头在空中挥舞，声嘶力竭地冲着我喊叫的时候，我却举着动物卡片"小猪说哼哼。鸭子说呱呱。小羊说咩咩。"我对着她咩咩地叫，嘴巴张得大大的，她也把嘴巴张得大大的，对着我吼叫。

我们在纽约炎热的夏天里汗流浃背，我们吼叫，我们搏击，我们争夺动物玩具。斯贝里一把抓过玩具，放到嘴里，啃咬，还要咽下去。我把手指伸进她嘴里，伸进她喉咙里，把它们抠出来，上面满是口水和牙印，把它们重新摆好，张开手掌盖住。我不会放弃一个玩具，仿佛我把生命放在了上面。她也大叫着抢她的玩具，我们殊死搏斗。

每当此时，我无法体会女儿的感受，她也不能理解我的语言，不能理解我为什么要对着她说话。她当然更无法得知我那受挫的骄傲和坚定的意志，她唯一知道的是被强迫的愤怒，我所做的无法给她带来快乐，我的目的她一无所知。我下定决心，不只要教会我的失聪女儿认字，还要让她向其他孩子那样说话，无论付出任何代价。她则下定决心要在桌面下，在我的膝盖上，在寂静无声里,在这个不可理喻的世界中踢出一个大坑来。

无论她喊得有多大声,我都依旧例行公事:"小狗说汪汪。"我们扭打着度过了夏天,扭打着进入秋冬。一天一天重复着同样的事情,我们像故事里的两个人物,被诅咒只能不断重复。我认为如果我改变了哪怕一个词,魔法就会失效,斯贝里就再也不能变得完美,再也变不成我渴望她变成的童话公主了。

尖叫引来了我丈夫,他走进厨房,建议我换个方式,换个别的什么词试试,生动一些。我能吗?

但是,我,这个有着丰富想象力的未来"作家",不会,也许也不能改变一个词。在我反反复复重复的词汇里,自有一种安全感;丈夫阴郁地说,我的英国口音里掺进了语言医生的布鲁克林腔儿。

每一天不同颜色、不同大小的塑料纸杯都会不断垒高起来,起来,起来。怎么教孩子介词呢?但是斯贝里却宁愿它们下去,下去,下去,而且不愿意说,只愿意叫嚷。她妈妈走过去,同样叫喊着从黏腻的地板上捡起纸杯,重新来过。每天的课程结束之前,最后的侮辱时刻,是我给她看一张漂亮的粉白色的婴儿照片,然后做"妈咪,妈咪"的口型,我女儿却对着我怒吼她的怨气。

尽管如此,女儿说出的第一个词却不是"妈咪",也不是动物的叫声;不是汪汪,不是呱呱,不是咩咩,而是一个我从来没说过的词。她说这个词的时候,既没对着我这个叫喊的妈妈,也没对着她那个逻辑严谨的爸爸,而是对着公园里和他一起玩沙子的小男孩儿说的。

那是一个清凉的早晨,关于动物的战斗让我们都很筋疲力尽。我们步履蹒跚地向公园走去。周围的树木茂盛极了,浓荫洒满人行道。我们当时正在穿过一条宽阔的街道,斯贝里突然看到一个小男孩儿。男孩儿在婴儿车里向她挥手,还大喊:"嗨",斯贝里于是也向他挥手,然后字正腔圆地回答:"嗨。"

当然,这只是暂时的胜利。斯贝里陆续开始说一些词了,但是每一个词都像是从一场无止境的战役中攻下的高地。有的时候,仿佛英语并不是斯贝里的母语,对她来说,英语更像一种外语,一种难以理解的神秘术语。直到三岁的时候,斯贝里才能说出完整的句子,她的腔调听起来像是来自地球的另一端,像个老外。她对外界信息的摄取来自一种几乎不可能掌握的方法,也是她苦练了好久的方法——唇语。虽然斯贝里已经学会了很多词汇,而且几乎能够看明白我说的每一句话,我还是很担心,担心她找不到可以交流的人。在内心的最深处,我害怕她被排斥、被放逐,孤独一人的她会把自己封闭起来,躲进寂静的世界里。

你应该明白,所有的这一切发生在女人还不是那么忙碌的年代,她们仍然喜欢互相邀请对方到家里喝茶。我常常把斯贝里打扮得漂漂亮亮的,给她穿上精致的小罩衣,搭配合适的裤子,带上我从集市上买的小帽子,把她身上的助听器藏好,然后动身去别人家拜访。看着她迫不及待地奔向主人家小孩的时候,我手上的茶杯都会颤抖,僵着笑容寒暄,极力假装对对方说的话很感兴趣。主人家的小孩往往会跑过来揭发一些罪行——娃娃的眼睛被抠出来啦,玩具被弄坏啦,书页被撕开啦。然后我们就再也不被邀请了。

即使这样,我也要挣扎着为我的孩子在这个怪异的世界里挣出一片天地。我学会了使用花言巧语,当拍马屁不管用的时候,我就贿赂收买。我在家里准备了旋转木马,为每一个能请得到的女人和孩子准备令人目瞪口呆的高级茶点和昂贵礼物。

接下来,阴暗的学校阶段到来了。我们都不是天主教徒,但是觉得修女老师会对斯贝里这样的孩子更加照顾一些。校方说他们也得为老师考虑考虑,而且,班级里已经有一个侏儒学生了。后来,一家私人学校勉勉强强收下了斯贝里。我还记得那个学前班的老师是个瘦小的老太太,她要我教斯贝里"礼貌"这个词,还要我每天早上到学校去监督她。

我多么希望学校里那些贵族子弟能够友善一些,但是这个世界往往事与愿违。就在斯贝里六岁生日那天,我们举办了一个生日聚会。我亲手烤了个蛋糕,还用奶油和彩色果冻装点。我们铺上白色的桌布,摆上漂亮的鲜花和其他聚会装饰品。杯子里的彩色果冻颤抖抖的,糖果堆成了小山。我们还为女儿准备了一件新衣服,蓝色的肩带,领口袖口围着蕾丝花边儿。为了保险,我们邀请了整个班的同学,热切地期盼着他们的到来。我不断地看表,变着花样转移女儿的注意力。下午来临的时候,不间断的电话铃代替了门铃,一个接一个的——这些妈妈们退缩了。门铃的确响过一次,那是快递公司送来一件别人送的礼物。我们期待着,等待着,直到夜幕降临,但是,最终谁也没来。

由于经常集中精神注意别人嘴唇,斯贝里变成了一个绝妙的倾听者——她关爱,善于理解他人,还很忠诚。她的朋友通常是那些被排斥的孩子,他们深知什么是与众不同,什么是孤单,什么是轻蔑。有个叫克劳迪娅的小姑娘,来自巴西,头发上有好多小卷儿。还有杰西,长着一张波提切利的脸,出生的时候有小儿麻痹,现在走路还有一点儿跛。还有吉安,海地来的高个子小黑人,说话带着法国口音。

我记不得有一次因为什么惩罚斯贝里了,可能是她撕破了一本我的或是她自己的书。我坚持不断地给她读书,她的小手总是迫不及待地想要翻到下一页,或者撕扯写着莫名其妙词汇的书页。我把浴室选作惩罚她的场所,因为我觉得这个地方比较安全,没有什么可砸破的东西,我不在乎绿色的浴液被挤到处都是,而且,这里也没有窗子。

我把她关在浴室里,让她冷静一下,更多的是让自己冷静一下。但是,我事先没想到浴室里面的门锁。斯贝里转动了门锁,以为那样可以出来,却把自己锁在了里面。在门外,我们没办法向她解释我们没有因为她的先天不足而抛弃她。等开锁匠终于来的时候,几个小时过去了,这期间我们只能听着她哀嚎,小拳头不断地打在木头门上。

当门打开的时候，她对我说的话，是我这个从小家教甚严的妈妈绝不愿听到的，是我从没教过她的话。她的脸上流满了泪水，跺着脚，抬头看我们，眼睛里充满了怒火，异常清晰地说："我恨你们。"直到那时，我才突然意识到，我推给了她怎样的一副重担啊，我逼着她成为有声世界里的一员。

我们给玛莎擦干了眼泪，给她拿了一盒冰淇淋，她坐在她妈妈和小妹妹身边。我给她讲她妈妈小时候把自己锁在屋子里的故事，就像她把自己锁在外面一样，而且，有好长一段时间我们都没办法告诉她为什么要把她一个人孤单地抛弃在那里。我告诉玛莎，我曾经怎样艰难地教她妈妈说话，她怎么在人们无法理解的困难中学习，后来又怎么考上了爸爸曾经就读的名牌大学，成为了那里唯一的聋哑学生。我告诉玛莎，她妈妈如何在那里学习艺术并成为了一位艺术家，为我们描绘看到的多彩世界，她怎么在同一所大学里遇到了她丈夫——玛莎的爸爸，并且和他一起坠入了爱河。

有一天，我会告诉玛莎，不是我那绝望的想要塑造她妈妈的努力，而是她妈妈自己的勇气和智慧、爱和宽容的能力帮助她走过人生的漫漫长路。不是我们教她如何去诉说，而是她教会了我们应该如何去倾听。

园丁妈妈

凯瑟琳·纽曼

> 我们的英国是个花园。这个花园并不是靠坐在阴凉里唱"好美丽!"就能建造起来的。
>
> ——路德亚德·吉普林《光荣花园》

你知道《弗雷德里克》这本童话书吗?当老鼠兄弟四处忙碌收集食物准备过冬的时候,弗雷德里克却睡眼惺忪地整天坐着,还向众人发誓他其实也在很努力地工作。("我也有工作啊,"弗雷德里克说,"我在收集冬天所需的阳光。")冬天到来了,食物终于都吃完了,但却是弗雷德里克诗意的浪漫(在头脑中储存的多彩世界和闪耀的阳光)帮助老鼠们度过了枯燥的漫长冬日。这个故事是艺术家们对拮据生活大言不惭的借口——就我的记忆而言,人家在收获的时候不总是慷慨地喂饱饥饿的人们的——我却十分喜爱这个故事。

也许工业化跳过了整整一代人。我那70岁的妈妈和四岁的小女儿是园艺高手，她们种出来的东西足够我取悦一千只老鼠的，我自己却连一小盆桌花儿也养不活。有一次母亲看到我宿舍里有一盆半死不活的蟹爪莲，拿去替我养着，20年后，每到12月这盆花还在为她盛开。20年后，当我的小女儿贝蒂蹲下来对那粉红娇艳的花瓣夸赞不已的时候，如果一棵幸福的老蟹爪莲会笑的话，我知道那时候它一定笑得合不拢嘴。

我的父母夏天里大部分的时间都在一所老农场里度过，离纽约很远，周末我会带着家人去和他们团聚，贝蒂往往下了车就直接钻进花园里。我们在搬运充气枕头和手撕奶酪的时候，她却跪在地上，煞有介事地观察香葱。从厨房的窗户看出去，我看到母亲走到了贝蒂身边，递给她一把小剪子，歪着头向她交代着什么，然后就看见贝蒂起身去干活儿时欢乐跳跃的满头卷发。过不了多一会儿，你的沙拉碗里就盛满了新鲜生菜、薄荷、罗勒和香蜂叶，绝对的美味。

至于我嘛，我会一刀切下大黄根放在黄油里欢快地炸，摘下新鲜的豆子，放上薄荷和黄油一起蒸，我有时甚至会除除草，把马齿苋从芦荟丛里干脆利落地除掉，但这么做只是为了和母亲还有贝蒂多待一会儿。但是，园艺所需要的大量劳动和泥土让我望而却步。儿子跟我是一样的，他会到花园里摘一些晚饭用的豆子，但是除此以外，也就是哼哼着唱几首歌，或是给奶奶讲几个笑话。

但是，贝蒂是那种随时准备投入大量热情和精力的人。她把双脚踩进雨鞋里，系上鞋带，穿上她的羽绒马甲，带上某人的旧滑雪帽，在任何天气里和我母亲一起翻土、施肥，掘出枯萎的土豆秧，准备播种。她偶尔停下一会儿，确认一棵植物是不是野生的大黄，把那箭型的叶子放进嘴里咀嚼。我到厨房里把喝完的咖啡杯放进水槽，儿子本在客厅里大声地喊我回去玩电脑游戏，我透过窗户看着她们两个，这一辈子，第一次因为被隔绝而感到快乐。

即使在我自己家里，这种事也时有发生。我们那个城市里简陋的小公寓，水泥的天井，古板的松树，很难展现田园的模样；有几朵小花在阴影里挣扎着生长，那是之前住在我们这里的人呕心沥血种出来的。贝蒂迫不及待地给它们浇水，每一株金凤花和蒲公英都会被喷水，即使在大雨天也不例外，贝蒂穿着雨鞋，打着雨伞在院子里浇花。但即使是贝蒂也救不活多年前我央求母亲买的那盆花，它被我养得像烧着了又被扑灭了一样，当我把它那黑色的花茎从土里拔出来的时候，我看到了盆底下写着的花名：死不了。是什么人把"死不了"都养死了啊。

是犹太人。也许我们就不是养花的料子。我的意思是，不是那个苗苗，怎么能结出那个果。典型的犹太人特征应该是棕色大眼睛，以及高中基因图谱上描述的那样，特征十分明显。但是，我那个英国人的母亲性格十分爽利，十分愉悦。哪怕孩子还特别小的时候就已经迫不及待地想要帮助她了。"贝蒂，我的亲亲，"母亲对我那个刚会走的女儿说，"你能帮我一个大大大忙吗？"

园丁妈妈

然后贝蒂就雄赳赳气昂昂，一摇一摆地去把三色堇插在水晶花瓶里，去把太阳花的种子撒在土里。母亲总是给每个人分配一些令人愉悦的小任务："你能帮我做点儿你那美味的馅儿饼吗？"她会对我说。"你能给鱼喂点儿食儿吗？"她会对本说。（我父亲就很不同了，他把我丈夫抓来，让他爬上梯子修房沿，自己站在下面找茬儿。）母亲夸赞我们做得很辛苦，痛惜我们破损的指甲，催我们停下来休息、喝茶，吃她用托盘端出来的奶酪和三明治。如果你坦白把什么东西弄坏了，比如你把黄瓜苗当成野草除掉了，她会不在意地挥挥手，"哦，没关系。"上周，贝蒂把一包手撕奶酪掉在了汽车地板上，居然惟妙惟肖地学我母亲的样子挥挥手说："哦，没关系，很快会变成肥料的。"

　　这并不是说我母亲生性豁达。（"只有大黄根吗？"当我刚要把馅儿饼放进烤箱里时她说，"你不觉得放点儿苹果进去会更美味吗？"）她是个实干家而非空想家，我希望自己更像她一些。她的日志里贴满了小纸条，提醒她什么时候该挖洋蓟了，是不是琉璃苣让邻居家的土豆不生虫子。我的日志里则满是对小事儿的感慨，要么就是唯我论的异想天开。

　　而且，对于一个小孩子来说，她是最活泼开朗的陪伴。有时，我很成功，孩子们就很活跃，帮我洗水槽里的脏碗，把它们擦干。和孩子们一起做菜肉馅儿饼，在上面浇调料汁。但是，有时，我会不小心露出不耐烦，"没耐心了，有负罪感。"我会在日记里如是写，母亲则可能写："明年得多种点儿欧芹。"

总是这样吗？很可能。我小女孩儿的记忆是香香的，都是花园和花朵的味道，但是细节记忆里我总是笨手笨脚的。记得有一次，我想给就要搬走的邻居做巧克力叶子，我没用硬挺光亮的树叶作模具，却用了软稀稀毛茸茸的柠檬叶，结果巧克力都黏住拿不下来了。("没关系——这样也挺可爱的。")还有一次，夏季暴雨停电，我无事可做，打算做香蒜沙司。我把罗勒叶捣碎，倒上橄榄油，混合出来的倒在意大利面上的黑色调味汁很恶心。("没关系，吃起来还不错。")还记得母亲播种和浇灌的时候，我蜷缩在鬼子姜后面的角落里看书——不是因为我太喜欢花园了，是因为自己一个人看《闪灵》太可怕了，还因为我要待在有她的地方。虽然我永远学不会如何让百里香和连翘安全过冬，我却渴望着成为母亲那样的妈妈。

　　还是有进步空间的，我知道。当我们要离开的时候，母亲把她为我们移栽好的迷迭香和常春藤递给我，细数着回到家应该怎样种到土里以及培育的注意事项，我觉得自己还有重新开始的希望。"再吃一颗香葱！"贝蒂会大喊，她站在花园咀嚼，看着远处的群山，深爱她的祖父母弯下身子亲吻她的脸颊。不久之后，当贝蒂穿好睡衣，给你送上晚安吻的时候，你还能闻见她唇齿间的葱味儿，她粉嫩粉嫩的笑脸看上去和母亲是如此相像。

园丁妈妈

妈妈 50 岁

卓西·梅恩纳德

> 你是母亲的镜子，在你身上
> 她唤回了盛年的芳菲四月。
> ——威廉·莎士比亚十四行诗 III

正在看一张和妈妈一起照的照片。照片里的我 18 岁，她 49 岁。妈妈是个很漂亮的女人，但是这张照片把她照老了，她看起来很累，有点儿畏缩、忧郁。照片里，她穿得很庄重；内衣，我知道她肯定穿了紧身褡。她的头发是在美容院做的，我的头发笔直地垂着，刚刚过肩，这个发型是模仿我最崇拜的歌手琼·贝兹。并不是那个古怪的发型让我美丽的妈妈看起来比实际年龄老，而是她经历过的痛苦——这是一张几年前婚姻突然破裂的女人的神情。我的脸上也带着忧伤，因为我的父母不幸福。他们绝望地想要修补婚姻，但是却没能做到。照片里那个女孩儿，我，去年刚满 50 岁。我现在比我妈妈当时还要老，我的女儿也比当年的我年长。妈妈已经去世 15 年了，我再也不是女儿了，我只是母亲。

但是这么多年来，我每天都能看见妈妈，我知道很多像我这样母亲已经去世的朋友们也经常能见到他们的妈妈：当孩子们发生了什么事我想向她倾诉的时候；当我伤心绝望需要她来安抚时；当我需要她来分享我的好消息和快乐时。离婚那段时间，多么渴望她把我抱在怀里。我女儿——她唯一的外孙女大学毕业，穿着外祖母毕业时穿的裙子，多么渴望她也能够在场。

某些有趣的瞬间，我也经常想到妈妈：我做肉酱的时候（没做成功，我想打电话问她该怎么做），我要找一句诗歌的出处的时候，我知道她一定能为我背诵整首诗。当我听到《唐·乔瓦尼》（她最爱的歌剧）中的片段，突然，她就在那里。当走过商场香水专卖区，我会想到她，看到一瓶古奇香水，那就是她的味道，我禁不住会喷一点在腕子上，只为再一次嗅一嗅她的味道。没多久之后，我还会通过别的事物再次想起她。年近 50，我发现自己和当年的妈妈年龄一样了。母亲不在了，我就以回忆她的事迹作为半百人生的指导。作为同龄人，我找到了自己与妈妈的共同之处、不同之处。

妈妈出生于加拿大萨斯克什温的比奇山，是俄罗斯犹太移民店铺老板的女儿，他们家是镇上唯一的犹太人。妈妈最大的梦想就是到城里去上学。父母没什么钱，但还是想方设法把她送进了温尼伯大学。妈妈后来成了学校里的明星，获得了多伦多大学研究生院的奖学金。毕业后，她来到了美国，在拉德克里夫获得了博士学位。这时，她和爸爸相爱了，爸爸是一个充满活力、英俊非凡的画家，比妈妈大20岁，不是犹太人，这一点伤透了祖父母的心。

接下来的事情比较痛苦了：妈妈发现这个她深爱着的男人酗酒成瘾。她当时已经生了一个孩子（我姐姐），接下来生了我，后来妈妈告诉我们，即使在婚姻的前几年，他们的夫妻关系已经比较紧张了，只是她掩饰得很好罢了。

第二个痛苦来临了：在爸爸就职教师的小镇上，我那个聪明绝顶、受过高等教育的妈妈却找不到工作。没有任何理由，只因为她是个女人。人们都认为她应该和全职太太们一起开开茶话会，而不是出去工作。没有正式工作，她只能挨门挨户地销售百科全书，或是做一小时一美元的法语老师。她努力得来的博士学位毫无用武之地，在那个世界里，甚至比不上厨艺和桥牌技巧。没有事业，没有丈夫的温情，她的父母远在天边，妈妈孤独隔绝地生活在寒冷的新罕布什尔。

那些年，我和姐姐是唯一欣赏妈妈那伟大才华的人。那是个妇女们以丈夫和孩子来自我定义的时代。妈妈后来告诉我们，要不是我和姐姐，她早就和爸爸离婚了。为了我们，她放弃了事业，放弃了犹太血统，甚至放弃了她的祖国（加拿大）。她窝在那个小镇上，爸爸在大学里工作的时候，她得和家庭主妇们（她们连水果馅儿炸饼和梅索饼[*]都没听说过，更别提向她那样背诵乔叟的名段了）交流菜谱心得。

---

[*] 犹太节日传统食品

当你长大成人，妈妈的志向、积累的知识、取得的成就都储存在你的身上，这时候，你要达成的就不再仅仅是自己的梦想，还有妈妈的梦想。即使还很年轻，我已经意识到了这一点。我焦躁地想要把妈妈应得却永远没机会得到的成功献祭般放在她脚下。可想而知，肩负着自己的梦想和让妈妈的快乐幸福的重担，造成了我心理上的失衡。爱，爱总是主导情绪，但是恨也或多或少地存在。在成长的岁月里，我和妈妈非常亲密，但是我依然在彼此间留了一些空隙。我们的时代已经与妈妈的时代大相径庭了，年轻女性被告知要和男人平等，在我们的世界里，机会突然为女性敞开了大门。过去那个女人以婚姻和孩子作为此生最大理想的世界已经被高度关注事业上的成就所取代了。我考进了艾维联合大学，这里曾是一座堡垒般的男校，我从那里进入了纽约城，开启了自己成功的出版事业，我做的工作得到了大家的认可。如果我的生活中曾经有过坎坷（确实有过），也与事业家庭的痛苦抉择毫无关系。作为三个孩子的年轻母亲，我婚姻中的麻烦和妈妈的完全不同。面对妈妈，我把婚姻中的困扰深深掩藏，只给她看我事业上最光鲜的一面，她的掌声与喝彩对我来说才是最重要的。有时候，我承认，这有点像幽闭空间恐惧症。她那么在乎我的成就，我得到了她被剥夺的东西，这一点对她是多么的重要。妈妈50岁的时候，她那拖了25年的婚姻终于结束了。她的孩子们都长大了，离开了，她没有理由继续留在这里，这个小镇上的大学拒绝了她这么多年。妈妈回到了加拿大，成为了一名作家，遇到了一个真正爱她的男人，在大多数人逐渐衰弱、退休、后退的年龄，妈妈却给自己创造了一个崭新的生活。

她怎么能忍受得了呢？这么多年，为了我和姐姐牺牲了自己的生活，烹饪、裁剪、编织（甚至给布娃娃织毛衣，布娃娃很小，她得用镊子夹住毛线）。她花费了那么多个小时，阅读我们写的文字，把手稿打出来，带我们看话剧、听音乐会和参观博物馆。所有这些都是为了让我们得到她从没得到过的生活。当妈妈不再为了我们而活，去开创自己那美好、充实、自立新生之时，她给了我最大的灵感，树立了最好的榜样。

记忆中的妈妈，在火炉前忙碌、盛汤的样子已经模糊了，但是有一个模样却鲜亮无比：50多岁的她带着系着丝带的帽子，刚刚搬回加拿大不久，准备开一个宴会，只邀请男嘉宾。她邀请了100多位，其中很多她连见都没见过。最妙的是，他们居然真的都来了。在那段最后的快乐时光里（她去世得太早，才66岁），照片里的妈妈看起来特别幸福。看着她的面孔，我很清楚，她找到了过去48年来都不曾有的快乐。

见证她重新找回真实的自我——那个才华横溢、可以不靠丈夫在世界上照样活得很好的女人，这一点给妈妈去世后不久就离婚的我带来了莫大的安慰，那时我35岁。她刚去世我就离婚了，跟我与她最后在多伦多的时光有很大的关系。那段时间，我有大把的时间陪她坐在花园里，重温我们的生活。我终于找到了心中隐隐的对妈妈的憎恶来自何方，不过是对她不幸福婚姻生活的自责。

那个夏天，当我的婚姻消散而去，我发现自己遵循了同样的模式——为我的三个孩子而牺牲，发现过去自己把假装的幸福与真正的幸福弄混了。看着镜子里的自己，看着自己与妈妈当年如出一辙的僵硬表情，我不希望女儿将来有一天再步我的后尘，我不要把这样的事一代代传下去，只为了孩子而活，让孩子们以这种沉重的牺牲为己任。最后，妈妈去世的那个夏天，我终于明白了自己正为了孩子们艰难维持着早已死亡的婚姻，而实际上，父母永远无法保护孩子免受不幸婚姻的伤害。

我不倡导离婚。实际上，没有人比经历过离婚的人们更知道婚姻中的两个人都必须努力经营是多么的重要，他们要共渡难关、坚守在一起。而这种努力必须是发自内心的，而不是为了孩子，或害怕改变。

我父母的婚姻已经无法挽救了，我的也是。妈妈去世的那一年，我的婚姻也结束了，而我深深地知道，这不是巧合。

妈妈去世前的几年——从婚姻中解放出来之后，终于令我认识了快乐的她。当然不是一直都快乐，但却比过去全部加起来都要多得多。

我也是这样的。看着自己30岁时的照片，我也会追思那光洁的皮肤和健康的膝盖，但是照片中的女人看起来紧张而忧郁。虽然现在我仍然有忧郁的时候，但是现在，孩子们看到的我就是真实的我。我乐意认为虽然离婚给孩子们带来了伤害，但最终对她们是有好处的，至少她们的妈妈不是依靠孩子而生存的人，相反她们可以依靠我。她们看着我怀念自己的妈妈，看着我怀念婚姻，同时，她们也看着我变回真实的自我，像我妈妈最后那样。

  这是妈妈留给我的财富之一，我能够真实地告诉儿子和女儿，我是个幸福的女人，从今往后，他们只需要为自己的幸福负责就好。

面具之下

艾瑞卡·鲁兹

> 我是家族面具,
> 肉体不断老去,我却永远不朽。
> 时不时展现独特的个性,
> 留下不灭的痕迹。
> 从这里跳到那里,
> 永不忘记。
>
> ——汤姆斯·哈迪《遗传》

这是一家老式电影博物馆,全家人都在,我的姨妈、父母、表兄弟还有我丈夫比尔及女儿安妮。老左派和文人充斥着这座能容纳800人的剧场,走廊的台阶上也坐满了人。一时间人声鼎沸,人们互相问候,介绍,哄笑。

然后,剧场的灯光暗了下来,电影上演了。

我那已经去世的外婆出现了,讲述着已经讲述过多遍的故事。银幕上闪耀的是我们家族的历史,是我妈妈的处女作,惹得观众一阵哭,一阵笑。坐在我后面的姨妈不停地流泪,我和丈夫依偎着彼此,15岁的女儿紧握着我的手,她的手凉凉的,很光滑,和我妈妈的手一样,和我外婆的手一样。

我不是在做梦,这是几周之前真真实实发生过的事情。

我是第四代"红色尿布婴儿"*,我的家庭,主要是妈妈这边,充满了无神论者、犹太人、马克思主义者、女权主义者以及西海岸左翼联盟的领袖,他们同时也是创造家、艺术家、音乐家、设计师、舞蹈家和作家。

我的外婆于2007年初去世了,她是个作家,在文艺界和女权主义的圈子里很有名。这部电影是一部关于她的纪录片。

对我来说,几年前,坐在电影院里看场电影是不可能的。每天回到家就已经筋疲力尽,早早上床,因为凌晨三点就得起床爬格子。家人会用怎样的眼光看我?我一走近人们就走开了。而且,我特别在意女儿的反应,看着我戴着厚厚的面具,看着我摘下面具后的眼泪。

但是这次不同:家族缩小了,外婆去世了,电影屏幕上演的是别人拍的我们家的故事,是外婆的故事。这次,我将完好无损。

我妈妈是外婆的长女,我是妈妈的长女,安妮是我的长女。整个童年,还有后来对自己身份的认同期,我和外婆的关系都非

---

* 红尿布婴儿,(red diaper baby),指美国共产党人的子女,在左派家庭中长大的孩子。

母女情深

常亲密。这是个非常棒的家族，有着非常良好的遗传基因，处在这个家族中，我对自己从不满意。小时候，一旦有人过生日，我们就举行生日派对。我坐在外婆的腿上，我和妹妹被紧张的妈妈精心地打扮着，我的脸美丽而严肃，这就是我在家庭聚会时佩戴的面具。外婆凉凉的手一下一下掠过我的脸颊。姨妈朱莉会弹奏吉他，爸爸配之以班卓琴。我们会唱大家都喜欢的歌曲《姐妹联合》《色彩》……，轻轻地哼着：

> 肯塔基海岸旁有一片葱郁的山谷，
> 在那里，多少美好时光匆匆流过，
> 坐在木屋的门前，我们尽情歌唱，
> 初遇了我心爱的娜丽·格雷。

唱着唱着，我会哭起来，为了娜丽·格雷的不幸——她被卖给了奴隶主，与爱人就此永不相见，也为了外婆的双手抱着我，为了她身上温暖的温度。

我还记得佩戴这副家庭面具时的感觉："感性的艾瑞卡，聪慧的艾瑞卡，长大后必定有成的艾瑞卡。"

20年过去了，佩戴这副面具的习惯并没有减退。我和比尔认识三周了，我带他参加我们家的家庭聚会。这很不寻常，以前我有过众多的男朋友，我也只带回来过一个，而且还是在两人同居后一年。

这是五一劳动节聚会，也是一位姨妈的生日，她是旧金山著名的工人活动家。参加聚会之前，我给比尔画过族谱。"瞧，"我当时说，"这就是你即将加入的群体，会让你吓一大跳，看看这庞大的系统。"

我告诉比尔，除了瑞文姨妈，我们还会见到里昂舅舅，这位画家协会的前任会长，70年代的时候和凯撒·查维斯*一起蹲过监狱。"那次游行运动我也参与了。"我对比尔说，"后来在利弗莫尔被捕了，因为反对核武器之类的事情。"我是那么的爱比尔，爱他生动的蓝眼睛，他的坚定和他强烈的正义感。

我的父母也会参加这次聚会：爸爸，梳着一个辫子，他是珠宝设计师。妈妈是职业舞蹈家。我的外公外婆也在，外公杰克是当地工人运动的领袖，外婆蒂丽是著名的作家。他还会见到我那个大学系主任的姨妈，那个在全国做巡回讲座的姨妈，当然还有她们的丈夫，一个是考古学家，一个是音乐家。还有我的表兄们：卡尔，律师；马格利特，教我跳伊斯兰民族舞的表姐；琼瑟、小杰西还有才华横溢的诗人瑞贝卡。

参加聚会的路上，我的身体就会开始紧张，表情开始严肃，熟悉的感觉。就这样，到了聚会的野餐地点，我已经完成了转化，从美术系的朋克学生摇身一变成为一个好学生，一个高雅的、漂亮的孩子，一个聪明的、感性的诗人，一个快乐的人。没错，我带

---

* 凯撒·查维斯（Cesar E.Chavez）是一位墨西哥裔美国劳工运动者，也是联合农场工人联盟的领袖。

上了家庭面具。

比尔研究着我画下来的族谱，将它内化。聚会地点在金门大桥旁的草坪上，大家吃着土豆沙拉，唱着西班牙内战歌曲，我和瑞贝卡在人群的簇拥下跳舞。比尔有些眩晕："你的家人真棒！"

"是啊，他们很棒，"开车回家的路上，我喃喃地说。到了比尔的家，我也完全揭下了家庭面具，回归自我。头发上带着粉色的发卡，25岁的我还残留着青春期叛逆的影子——摇摆不定的矛盾。

我爱我的家族，我恨我的家族。

为了他们，特别是为了外婆，我戴上了面具，极力讨好。我戴着面具度过了整个童年、青少年，还有整个20岁和30岁。40多岁的我，仍然在两张面孔中挣扎，我需要在家族光灿灿的成就下寻找一个安全的庇护所。

创造力隐藏在我的血液里。妈妈在70岁的时候还在跳舞，从小到大，浴室里都挂满了紧身裤或肉色的连裤袜，她的卧室里随处可见半透明的雪纺绸，都是跳肚皮舞的服装。她在肚脐上、脸颊上和睫毛周围粘上水钻，在胸衣上缀上亮片。她有一套长长的、直直的假发，套在短发上，还把名字由卡拉改成了卡里玛（艺名）。

她教授肚皮舞，她研究弗拉明戈。有一次，她单独到盐湖城旅游，早早就回来了。后来50岁的时候，我和姐妹都出嫁了，她就开始独自旅行，到西班牙南部学习舞蹈，一去就是半年，后来

面具之下

又去了瑞士的阿尔卑斯。

母亲是舞者,是教师,是守护者。她帮忙照顾我的孩子,每周两次,直到安妮 13 岁。去年外婆去世之前,她把大量的时间都用来陪伴她,帮外婆梳头发,帮助她走路,给她做美味的食物。

我和母亲的关系又和谐又令人恼火。她简直让人没办法,从来听不懂笑话,饭桌上吃着饭都能睡着,吃得和年轻人一样多,为了一点点小事儿而失眠。我从不和她一起到餐馆吃饭,因为她从不按菜单点菜,总是点些奇奇怪怪的东西。

但是,她全身心地支持我的写作事业,倾听我的生活。她坚信她所相信的。当母亲走在大街上,猫咪会跑过来蜷伏在她脚下。她喜欢拿院子里种的苹果喂林子里的野鹿。

我和外婆的关系要更加激烈一些。无论是在家外,还是在家里,我都崇拜她。她是我的英雄,是我的理想,也是我最大的反抗对象。我和她竞争。我给她写了无数封崇拜的信,她则回馈给我赞誉和礼品。

但是,哪怕还很年轻,我也发现了这种崇拜中隐藏的专横,我感到永不满足,她强势、挑剔,她从没有足够的时间给我。

我对她的崇拜,她视作理所当然,在爱他人的间隙中爱我。我不知道她什么时候,或者为什么停止了对我写作生涯的支持,但是陌生的新手却得到了她的关注和支持,这让我一直愤愤不平。

后来她误会、误解、糊涂,于是我震惊、恐慌、拒绝还有反叛。在我三十几岁的时候,我们终于不再往来,只是在我偶尔参加家庭聚会的时候见上一两面。

女儿安妮那段时间还很小，这些家庭聚会有些是我拒绝去的，有些我则根本没有接到邀请。但是，我还是能够看到她，看到那个坐在她怀里的小女孩儿，看到外婆的蓝眼睛，看到她那双坚定、温柔的手。

我很少参加聚会，不想让女儿看到这样的我，看到她的妈妈在家人面前戴上面具，虽然这个习惯已经在时间和痛苦中慢慢淡化。

在房间的那一边，我能看见她们在一起，蓬乱的头发映衬着蓬乱的头发，外婆唱起歌来，我了解成为她爱的焦点是什么样的感受，我也知道，失去了这份爱，是多么痛苦。我的心至今仍在疼痛。作为一个妈妈，我不希望这样的事发生在女儿身上。

时间流逝。比尔和我庆祝了第 20 个结婚周年纪念日。当老一代的人再也没有精力对我发怒的时候，我开始打破禁忌，把自己的经历付诸文字。哪怕是最开明的家庭，也有秘而不宣的规矩，就像其他的家庭一样，我们整个家族的每个人都戴着"家庭聚会的面具"。我们把可爱的一面示人，把艰涩的一面隐藏。

"你写这些东西让我很生气。"最近有位姨妈在看了我在杂志上发表的文章之后这样对我说，"但是确实是这样。"在写作这篇文章的时候，我发现自己第一次真真正正摘下了家庭面具。

老一辈的家长们，先是杰克外公，然后是瑞文姨妈，里昂舅舅，最后还有外婆，一个个去世了。蒂丽去世的时候，悔恨和迷惑令我痛不欲生。

面具之下

几个月前，我坐在奥克兰的大湖剧院里，体验了一把死后重生的感觉（家人簇拥在周围，死者再度重生），我发现，有些事情已经改变了。过去，我欣赏外婆，无条件地爱她，听她讲她父亲从白俄罗斯逃出来的老故事，我跟着她一起大笑，感觉着她的双手握着我的双手。不对，这种触感是真实的，是坐在旁边的女儿正握着我的手，一代一代延续下去。

我变了，这不是突然的顿悟，人是不会在瞬间改变的，虽然当你发现自己已经改变了的时候会惊诧莫名。外婆离开了，她并没有改变。那么，就一定是我变了。坐在那个电影剧院里，抽离荧幕故事之外，我认识到，无论我对家族怀着怎样的感情，我也是其中之一，我就是我的家族。这种认知，是我爱恨交织的过往的最好结局。

我花了几十年，看了无数优秀的心理医生，就为了回归自我，为了在我那闪耀的家族中占有一方自己的天地。我就是家族，家族就是我。这个面具再也不会存在了。

看着已经去世的外婆活生生地出现在荧幕上，我妈妈说起了母爱，我感受到女儿作为家族一员的自豪感。她已经15岁了，我的安妮，漂亮的女孩儿或者女人，大大的眼睛，尖耳朵和超级丰富的想象力。她是个梦想家，像我一样，像她的外婆一样，像她的曾祖母蒂丽一样。我希望她继承外婆的舞蹈天赋，曾祖母的写作天赋，和曾曾祖母的革命精神，希望她享受音乐，自然和人性，希望她相信正义并为之奋斗。

我希望，她能明白本真的可贵，通过我的言传身教，只做自己，永不戴上取悦他人的面具。

　　我不知道她能否继承家族遗传下来的政治力量和创造力，不知道她如何在这些光环之下保持自我，不知道她是否也会像我一样，兜个圈子，最终回归家庭。

母女疗法：主治暂时性抚育焦虑症

朱莉安娜·巴格特

> 神经质建造了空中楼阁，
> 患病者住其中，
> 我妈妈负责保洁。
>
> ——丽塔·路德尼

从心理医生那里出来，我和女儿驱车回家。我们刚刚用手碰了狗狗的呕吐物。这被詹妮弗医生认为是很大的进步。年轻的詹妮弗医生坚信，第一，碰触狗的呕吐物有医疗作用。第二，研究生院里教的知识非常有用。第三，研究生院里教的东西能改变世界。但是菲比和我一时消化不了这样的成功。

"我觉得像本尼·奥格登。"我说。

"谁是本尼·奥格登？"女儿在后座上大声问。她十岁了，是个精力充沛的小姑娘，头发毛茸茸的，喜欢光脚穿靴子。她有大大的蓝眼睛，脸上长着淡淡的雀斑，最近开始用薰衣草香味的护发素，闻起来像个大孩子了。她害怕去电影院，害怕参加生日聚会，害怕去一个叫快乐驿站的地方，因为她说那里的停车场脏极了，到处都是细菌。她害怕细菌和呕吐物。这就是为什么我们去看詹妮弗医生。

"本尼·奥格登是我小时候的邻居，胆大妄为什么都敢做。"如果一群孩子聚在一起，其中肯定有一个小孩儿什么都敢做，肯定还有一个小孩儿怂恿他什么都做，我猜，这是孩子团体的模式。本尼·奥格登受不了其他小孩儿的奚落，"头头儿让他干什么，本尼·奥格登就干什么。他做过一个裸体的雪人天使，还吃过猫食，他还用手把全小区的狗屎扔到霍夫曼先生的院子里。"

"是那个让她妻子挨门卖毛衣，还老是翻修他家汽车道的小气鬼吗？"

"没错，就是他。"这时我发现给女儿讲了太多我小时候的事儿了。我应该给她讲一些有助于她成长的事儿，起码要比霍夫曼先生更实际一些的信息。我给她讲过拿破仑、林肯或是贝蒂福德吗？没有。我突然对此充满了负罪感。

"我也觉得自己像本尼·奥格登，"她说，"但是，我很高兴你和我一起摸那堆狗狗的呕吐物。"

"当然，我绝对不会让你自己摸那么恶心的东西。"什么样的坏妈妈会让女儿自己摸狗狗呕吐物啊？反正不是我！其实我是不用亲自摸的，但是当詹妮弗医生告诉我治疗方案时，我就决定了要参加了。

开始,她很怀疑地看了看我。我猜当医学院教她怎么让狗狗呕吐,怎么把呕吐物铲起来的同时,还教会了她如何用怀疑的眼光看人。我说:"我也有病——正如你预料的。"她喜欢我承认自己有病。"我的意思是,这都是我的错儿,我该给孩子树立好榜样,教她做正确的事儿,像这件。"

像这样的正确事儿?我突然发现这项治疗愚蠢之极。我突然发现,我应该自问"什么样的妈妈让自己的孩子去摸狗呕吐物?"而不是"什么样的妈妈让孩子自己去摸狗呕吐物?"出于好意——我只能如此回答。但是,我自愿加入的决定反映了我对事物的预测能力。作为母亲,我知道,如果你不去摸,而只让孩子摸,孩子就会永远记住这件事,最终成为记忆里的一道伤疤;而如果你和她一起摸,你只不过看起来比较蠢而已。从长计议,我宁愿选择愚蠢,而大多数情况下,这是我能做的最好的事儿了。

"会有用的,"我对女儿说,充满了权威。"我是说,我觉得情况正在好转。如果你能摸狗呕吐物了,你肯定也能摸快乐驿站的操纵杆,对吗?"

"我觉得人从狗身上传染疾病的几率毕竟比较小。"自从我们收养了两只狗狗以后,女儿就一直在看《动物星球》。有时候,她会说:"鲸鱼的奶头是可以缩进去的。"我一般不挑战她的动物学知识,而且我们的邻居是个兽医,菲比总跟他混在一起。

"哦。"我说。

"而且,"她补充:"如果我们是本尼·奥格登,那詹妮弗就是混混儿头儿了,你知道他们是什么样儿的。"

很不幸,关于混混头儿这一点,我对她说过谎。我对孩子们说过,对付这种欺负人的人就要强硬,他们往往到了最后会退缩。而我深知,这不是真的。混混们有干坏事儿的前科,而且这种前科会让他们再次干坏事儿。我发现,自己很怵詹妮弗医生,她那么年轻,那么强势!要换了别的医生就只会说:"随你好了。"

詹妮弗医生本来这周要给我打电话讨论下一步的治疗计划,我发现自己现在要站出来反抗她了,我反抗她的理由有两个:第一,她太欺负人了;第二,我女儿在看着我。

她说:"下一次她要让我们摸狗屎了,还得把它们捡起来扔到别人的院子里!"

"没错儿,"我说,"没错儿。"

"得有人阻止她。"

"当然。"

我是这样想的:我希望女儿变成我母亲那样。格兰达·巴格特是个紧张神经质的老妇人,给人的爱和困扰同样多。她的生活目标只有一个,就是养活我们这些孩子,确保我们毫发无伤,这在她的头脑中是项艰巨的任务。她认为外面的世界威胁着我们,决不让我们喝有细菌的泉水,上公共厕所,用餐馆里的餐具。

不。

她恐惧的东西范围太广了:开罐的食物,没用清洁剂洗过的水果,生鱼片,医生的办公室,煤气味儿,空挡开车,微波炉,上门清洗工人，对孩子血液循环不好的腰带……

还有其他好多好多。

母亲因为过于用力擦洗一个罐子而弄伤了自己；医生开的药，她一会儿吃一会儿停。因为吃药有的时候很危险、不好消化或使人犯困，好像没有足够的精力使劲擦罐子擦到手受伤，比使劲擦罐子擦到手受伤要更糟一样。

还有别的许多怪癖，有一些她已经传染给我了，更有一部分我不可避免地传给了女儿。如果有什么办法能避免女儿同母亲一样的命运，我会去做的，比如眼下忍受詹妮弗医生的霸道。

细菌恐惧症在当今的社会上是没有立足之地的。购买一次性用品要花好多钱，而且商人不仅知道如何吸引细菌恐惧症患者来买他们的产品，还知道如何制造更多的细菌恐惧者。可悲，可悲啊。

詹妮弗医生周一打来电话时，我正埋首工作，没看来电显示就接起了电话。听到她那假装客气屈尊就低的声音，我吃了一惊。我还没准备好呢，她肯定有备而来。她的说辞很深刻，逻辑性很强，有很强的科学理论支撑。她有充足的数据。

其实计划很简单，在接下来的环节里，她要菲比感受呕吐的感觉，而非真的呕吐。詹妮弗说，其实她已经跟菲比说过这个计划了，甚至有一次我出差的时候，她为了让菲比初期体验呕吐，曾试图让她在摸狗狗呕吐物之前，喝过一大杯牛奶。

"效果怎么样呢？"我问。

詹妮弗医生顿了顿,"菲比有乳糖不耐症吗?"

"也不是。"我是说,她觉得她有,因为我们家保姆有这问题,菲比觉得这很酷。但是,她吃冰淇淋吃得很带劲儿。所以,我认为,她没有那毛病。

"好吧,她说她有乳糖不耐症,所以不能喝牛奶。她,怎么说呢,非常……聪明。"听她这么说,你会觉得聪明不是件好事。她继续说,这礼拜要让菲比喝一大杯白水——避开乳糖不耐症的争论,然后训练她忍耐呕吐感,在家也得自己训练,两天一次。

"真的?"我问:"但是,如果她吐出来了怎么办?"

"她不会的。"

"她不会?"我记得心理学上说过暗示的力量是很强大的,如果你告诉她,她要喝到感觉要吐,她就一定会吐出来。

"如果她吐了,她会发现呕吐并没有她想的那么糟糕。"

"但是呕吐真的很糟糕。"

"不,并不糟糕。"

"呕吐糟糕极了,因为它让你觉得自己完全失控了。"

"她得完成疗程。"

"但是,你看,我要她对将来灌她酒的那个人说不。如果今天因为你的强势,我让她照做了,那么十年后,对她强势,要她灌酒的人也会得到她的遵从。而我却想让她学会说不。"

"我就知道你要退缩,你有点儿懦弱,但是你得过完整个疗程。"

"我没法同意,我虽然不要她害怕呕吐,但我也不要她喝水喝到想吐。我们已经和呕吐纠缠太久了。"

她继续跟我争论,列举事实,列举数据,真是烦透了。"整个疗程是受控的,放心吧。"

"我不想让女儿熟悉被控制的感觉,我的意思是,我是说……"我的口才烂极了。我被成堆的数据、案例压迫着。我决定改变策略:"你是怎么让那条狗吐出来的?"

"那堆不是真的,是奶酪和别的东西的混合物。"

我真是服了。

"你不会都不养狗吧。"

她一开始没有回答,只是问我和菲比要不要继续下一阶段的训练。

"说不准,"我说,"你到底养没养狗?"

"我不太明白你的逻辑……"

"你到底养没养狗?"

"没有,我没养狗。"

"你以前养过狗吗?像养个孩子那样?"

"对菲比的案例我不需要狗,只要你们觉得是在摸狗呕吐物就行了……"

"你以前养过狗吗?像养个孩子那样?"

"没有。"

"你有没有兄弟姐妹,让你扮成他的狗,趴在地上,汪汪地叫？"

"什么？"

"你有没有兄弟姐妹，让你扮成他的狗？"

"没有，我没有兄弟姐妹。"

"你有没有特别想养一只狗，像养孩子那样养它？是不是因为童年里玩伴的缺失？"

"有点吧。"

"所以了。"

"所以什么？"

"我们不参加下阶段的训练。"

我的逻辑其实很简单。所有人的童年里都有缺失，所有的童年都有痛苦，所有的童年里都有苦涩的回忆。我们所能希望的只是对痛苦回忆的真实流露——真实地面对问题和带来问题的原因，这是现实生活中确保可以做到的，但这种流露不可能发生在一个被强迫的环境中。

当天下午，女儿还没放学回家。我喝了一大杯水，喝到直在屋子里转圈圈。我坐在沙发上，想到高中时候，有一次被男友灌了好多酒，而在那之前我从没沾过酒精，当时的天旋地转依然清晰。我想吐，但是我知道我不会吐出来。

我自问："我学到什么了？"我自答："刚刚住进城市不久的人类自认为是最高等生物，他们被现代医学蒙蔽了双眼，看不到最简单的事实。"

这时候，我开始打嗝，然后我就吐了出来。

不一会儿，女儿放学了，看见我躺在沙发上，她把书包放在一边，坐在我身边："你看起来好怪。"

"我和詹妮弗医生谈过了。"

"我们还要去她那里吗？"

"你要是肯答应我一个条件，我们就不去了。"

"什么条件？"

"你得去快乐驿站，然后摸那里所有的手柄。"

她看着我，看我是否是认真的。我是认真的。

"好吧。"她说。

"还有，你没有乳糖不耐症，你知道的吧，对吗？"

她转了转眼珠子。"对。"

"我也不是懦夫对吧？"

"我都不知道懦夫是什么。"

"如果你长大以后想起这件事，你要记住，妈妈不是懦夫。"

"好吧。"

我们坐在沙发上，看着院子，狗狗在那里晒着太阳。

"她都没养过狗。"我告诉菲比，"那摊东西是假的。"

"我想到了。"

"你想到了？"

"嗯，"她说："我琢磨了一下詹妮弗医生。"她站起来，走到窗户跟前。

"有什么结论?"

"我也琢磨了一下本尼·奥格登。我觉得我们应该哪天往詹妮弗医生的院子里扔点狗大便,作为证据。"

"证明我们有多正常?证明我们成功了?"

她笑着点头。

"用手拿?"我问。

"当然不行,真是疯了!"

管好钱包

海瑟·斯薇

> 空空的口袋无法阻止一个人前进,
> 阻止人前进的,
> 只有空空的头脑和内心。
> ——诺曼·文森特·皮尔

有一天,我那两岁半的小女儿,克莱蒙蒂恩,跑上楼梯对我大喊:"妈咪,我刚刚在《大青蛙木偶秀》上看到一只大猩猩。"下一秒,她就跑去找来一大堆纸和一根胶棒。"我们给大猩猩做一件衣服!"她兴致高昂地宣布。对这件事,我有两点感到很满意。首先,她超级爱看我给她买的《木偶秀》。其次,她要我给她做一件大猩猩衣服,而不是让我给她买一件。

我当时正在做晚饭,所以我对她说我们今天没时间。"但是,"我又说:"奶奶明天回来,让她帮我们一起做吧。""好耶,"克莱蒙蒂恩说,把纸和胶棒推到一边,"奶奶肯定会做。"她说的没错。

母亲出生于移民工人家庭，在这样的家庭里是绝对没有多余的钱用来买纺织品的，比如布娃娃或衣服。所以，我母亲和她的八个兄弟姐妹们学会了自己创造玩具和乐趣。他们户外的保留曲目有踢罐子、红色流动站*、冻尾巴、躲猫猫。下雨天或寒冷的天气，他们就躲在屋子里自己做衣服，用硬纸板做娃娃，或者玩"假扮秘书"游戏，在书页里加入纸板充当打字机，把空罐头瓶穿起来当电话。他们总是自己在家，很快便发明了很多好玩的游戏，其中某些甚至不那么合法，不那么道德。他们尤其擅长从离家不远公园里的派对或野餐会上顺手牵羊，有冻奶酪、土豆片，有时候还能搞到成桶的炸鸡。

只是有一个问题，他们不能和这些派对上的任何人认识。他们知道怎么在蹦床上跳到空中舞蹈，有时候是光溜溜的。他们还比赛谁能尿过围栏，我母亲向她姐妹们发誓，女孩子们也能做到，而且能比男孩子做得更好。

我和我的兄弟姐妹们最喜欢躲在厨房角落里洗衣机的后边，偷听爸爸妈妈聊他们小时候的壮举，他们笑得那么凶，眼泪都流出来了，我们也跟着笑得肚子疼，脸颊发酸。有些人可能觉得童年的母亲应该进少管所，以现在的标准来看，很多人都会同意。如今，自己身为父母，我发现家长居然允许九个孩子在没有大人看管的情况下在镇上这么瞎折腾。我当然知道原因，因为外祖母又怀孕了，外祖父同时干着三份工作。居然没有人夭折或进监狱，

---

* 一种儿童游戏。

管好钱包

真是奇迹。所有九个孩子都长成了好人，干着体面的工作，组建了自己幸福的家庭。

我的母亲积累了一辈子实践的经验，像所有家庭的母亲一样，她非常能干，做饭、烘烤、编织、绘画、刷漆、钩织、改造旧家具，还能出色地制陶、经验老到地砍价。她酷爱买好的东西，小时候疯狂地想成为一档电视节目《爸爸最厉害》里安德森家庭的一员，那里的每个人都穿得很漂亮，家具也美轮美奂。后来轮到她来组织自己的家庭了，住进了自己的房子，孩子们都很可爱。但是，鉴于父母一生都很拮据，我母亲只得发展出一种不可思议的能力以期达到美好的人生愿望。她能走进一家大型商场，搜到一件打 7.5 折的过季大衣，然后在回家的路上花十美元给它配一双绝对好看的二手靴子。而且，她还能跟摊主砍价，要求打个对折，多加三美元连旁边的二手桌子也买了下来，回家修修补补，重新刷漆，与家里的色调绝对搭配。

从小长到大，耳濡目染母亲变魔法般把便宜的东西改造得体面，我学会了如何选择，其实很多花费是没有必要的，也很傻，因为时尚只是一时的，欲望也并非永久。花昂贵的全价买东西只能说明你是个傻瓜，太骄傲了而无法接受别人不要的东西。

怀着这样的价值观，我度过了人生的前 20 年。我热衷于讨价还价，并对自己议价的能力感到自豪。直到后来我嫁给了一个有钱人（我能说什么呢？我是个幸运的人）。我们并不是那种成天抽古巴雪茄的富人，只是我们不用每个月的月底为付账着急，还能偶尔来点儿小挥霍罢了。这时,我感受到了随便花钱的罪感乐趣。

我还记得第一次全价买一条裙子,这不是一条普通的裙子,是一条名贵的黑色紧身裙,就在我家隔壁的橱窗里,我看上它已经有好几个月了。当我抚摸着那梦中的裙子,把它穿在身上时,我顿时觉得晕头转向,出了层薄汗,还有点儿淘气,这可能就是别人买色情书,或在商场里偷东西时的感受。直到那一刻,我衣柜里的所有衣服都来自清仓柜台和打折货架。当时,我不是随便的逛街,我在为自己的第一次图书发布晚宴购置服装。当然,衣柜里合适的衣服也有很多,我也可以只花三分之一的价钱在经常买衣服的老店买一件中意的衣服。

但是,这不是重点。我想要以不寻常的举动来庆祝,我选择给自己花钱的方式,选择了母亲一辈子也不会做的事。

婚姻的前几年,我故意违背了母亲绝对的节俭主义。但是,一旦有了女儿,我开始重新考虑花钱的问题了。孕前在曼哈顿高级餐厅里庆祝生日或周年纪念日,为特别场合偶尔的疯狂购物再也引不起我的兴趣。首先,三个小时的晚餐让我筋疲力尽,盘子里那点儿精致的餐点再也满足不了我的狼吞虎咽。而且,我知道我的每一件衣服再也撑不下我日益隆起的身体。那么,为什么还要为大T恤、松紧裤之外的衣服费心呢?

从另一个层面说,我要解决自己在花钱问题上的态度,要符合我养儿育女的态度。我一旦成为了母亲,面对一个依靠我来建立幸福生活的小人儿,公正地评判乱花钱的行为是相当难的。而且，这其中有很多难点。比如，对于一个小孩子来说，什么样的生活最好？爱、陪伴、关心、时间、精力是我毫不考虑就会奉献给她的。物质的东西、金钱能买到的服务和特权是我的最大困扰。

我很清楚自己在抚养女儿的时候不愿意乱花钱。在成为一位母亲之前，我在布鲁克林一所私立学校教三年级。我很怕自己抚养出学校里那些特权纽约新一代。同时，我清楚自己不可能像小时候那样拮据地抚养孩子，我本身就已经受够了拮据。但是从小到大所熟知的简朴与真诚的家庭环境又让我心向往之。

当克莱蒙蒂恩快要一岁生日的时候，我开始明白自己所实施的花钱方式与周围家庭的不同之处。我们不打算给她办个周岁派对，请一大堆客人。也不打算送她堆积如山的礼物。我们会在家里给她过生日，在后院里，自己动手做小蛋糕，邀请几个亲密的朋友，送几件最朴实的小礼品。在她八九个月大的时候，我也不打算提交私人幼儿园的报名表，我们打算卷起袖子，在她四岁的时候，一头扎进当地的社区学校。像任何其他人一样，在为女儿做选择的时候，我也深受童年信仰的影响。对金钱的价值观与为人母的计划交织在一起，希望在孩子身上体现我抚育下一代的智慧。伴随着孩子的成长，为人母之路越走越远，我就越深刻地体会到这种智慧分为两大类：一种是必须的，一种是可选的。我的母亲出生在拮据的环境里，家里的钱除了满足最基本的物质需求外，别无所剩，所以她必须学会自己找乐子，找生路。当我小时候，我认为自己这一生也将像祖辈一样一文不名，父母没钱带我们去佛罗里达，我们就开车去国家公园；我们在社区学校上学，在别人家的泳池游泳，因为我们自己没有。我们看不起有线电视，买不起立体声音响和汽车。长大之后，我发现，其实父母是买得起这些东西的，只是他们使用金钱的方式与众不同而已。他们不喜欢欠债，买房子不贷款，攒钱给孩子上大学和养老。虽然我现在有能力溺爱我的孩子，也有能力为她的将来筹划，但是我也学习到了，她其实不需要我给她购买最新的、最棒的一切，虽然我买得起。有时候，一点点缺憾会让你得到更多，因为你会珍惜所拥有的，而且，自己做的总比买的更能让人满足。

看看我的房子吧，里面的东西大多数都是自己做的，而不是买的。克莱蒙蒂恩卧室里的家具都是二手的，但是已经被我和母亲重新油漆过了。她的毛衣是我亲自织的，万圣节我最喜欢做的事儿就是给她做万圣节服装。

克莱蒙蒂恩喜欢自己动手制作节日贺卡，喜欢给人们做小蛋糕和面包作为礼物。当母亲进城来，她和克莱蒙蒂恩经常一起花好几个小时做手工，玩扮装游戏（最近她们经常装扮木偶剧场里面的大猩猩，我母亲做了一个特别逼真的面具，还在克莱蒙蒂恩的膝盖上绑上碎毛线条儿）。母亲，女儿和我碰巧都喜欢这类游戏，我希望克莱蒙蒂恩能够从中学到，用手上现有的东西制造有价值的物品更有意义，因为这些手工里面融入了人性。而且更棒的是，自己动手能节省很多钱。从更深层次说，我希望，通过减少物质供应，激发克莱蒙蒂恩的能力，这能让她在将来的生活中受益更多，这比我给她买什么礼物都有用。

虽然我对母亲的节俭非常尊重，但是我还是觉得节俭有消极的一面。对母亲来说，金钱总是主题，无论她有多少。金钱必须被打败，被驯服。当她还很年轻的时候，这种习惯是必要的，但是到了某一个转折点，当她变得富有时，却已经丧失了在自己身上花钱的能力。结果，我认为她也丧失了很多人生的乐趣。她从没出过国，从没做过足疗，从没按照需求尽情购物，总是要更便宜一些的东西。

现在，父亲母亲60多岁了，他们被"尽量少花钱"的观念严重制约着，绝不会松动钱包扣。他们坚信，每一笔支出都应该精打细算，无论是在一瓶洗发水上节省98美分，还是自己动手疏通下水道，又或是在好几小时浏览网页搜寻绝对最低价的机票来看外孙女儿。我发誓会有这么一天，他们会穿着硬纸板做的鞋子和报纸做的帽子出现在我家门前。不是他们买不起更好的，而是他们绝不会把钱花在自己身上。我们都知道要与金钱保持健康的关系，除了知道什么时候不该花钱之外，还要知道什么时候该花钱。作为人母，为人妻，为人友，为人女，我发现，有些时候钱花得正当其时。当时间比金钱更紧张，我会用金钱来换取时间，比如上网买东西花钱付邮费，因为我实在没有时间去商店亲自采购。当我被快节奏的生活紧紧压制，我真的很愿意买一些外卖食品，雇一个家庭保姆，或者偶尔请一个小时工做做深度保洁，让我们的家从垃圾堆恢复正常清洁状态。当遇到自己特别珍视的事情，比如买机票去拜访亲戚，比如买健康高品质的食品，我会毫不犹豫地使用金钱。而偶尔在特别的东西上花一些钱是很有意思的，一双漂亮的靴子能够点亮冬天里阴沉的小路。（但是如果买47双漂亮的靴子就会大大削减快乐，买得越多，想要得到的就越多，而每件东西的特殊之处就越少。）

所以，我告诉克莱蒙蒂恩有时候花很少的钱也能得到很多，我希望她能懂得如何智慧地花钱——如何讨价还价，如何在购买最昂贵的东西时也买得划算。同时我希望她会省钱也会花钱。金钱不是魔鬼，能帮助你达成许多神奇的事情，把钱花出去，有时候是一个人对自己最高的奖赏。

诚然，金钱能给人带来力量、名望和特权，但我不想让女儿对穷困感到恐惧。我丈夫和我可能明天就会失去一切。生活往往如此。只要看看跌宕起伏的股市就知道了，财富有时候转瞬即逝，可遇而不可求。

一场龙卷风就能吹毁我们的房子，保险金都补偿不了；或者一场突如其来的大病就能拖垮整个家。虽然我清楚，失去了这些，我的生活将变得无比复杂，但是我能应付过去，因为我们已有准备。

我知道，即使失去了一切，我们也会幸福，也会健康，也会充实。我希望女儿大胆一些，接受挑战，走出家门。我鼓励她尝试有回报潜力的事情，不要害怕扰乱已有的生活状态。为此，她必须自信、真诚，与人、食品和金钱建立健康的关系。当她还年轻的时候，我希望女儿学会对欲望提出质疑，学会分辨想要和必需之间的区别，不盲目跟风，怡然自得。总之，我希望她像我母亲那样心灵手巧，勤劳简朴，但是知道如何放松绳索。

现在，作为女儿的母亲和母亲的女儿，我夹在生命中最重要的两个女人之间。我伸出手连接起她们两个，在她们的世界中搭起沟通的桥梁，我在她们中来来往往，从她们身上学到不同的东西。"会过去的。"我会自信地对女儿如是说，因为母亲曾经历过相同的事情。"让我们挥霍一下下吧，这是我们应得的。"同时，我会对母亲如是说。

情愿的付出

玛丽·豪格

> 我越来越相信母亲走进光明的能力，
> 我有能力和她站在一起。
> ——《骑着白马回家》特蕾莎·乔丹

母亲去世的那个夏天，我搜遍了她留下的所有照片和信件，期望找到留给我的哪怕只言片语的嘱托，但也实在没有抱多少希望。大平原上一望无垠的空寂让人感觉与世隔绝、惶恐不安。就像动物们蜷曲身体以防外界的袭击一样，我们也独自蜷曲着排除外在的一切，包括发自内心的语言交流，固守着各自的秘密。母亲更是如此。

我发现了一张褪了色的老照片，那时候妈妈还是个小姑娘，照片大约拍摄于1920年代。照片里的她坐在一辆三轮车上，背对着镜头。车把上放了一面大的带框镜子，她正认真地研究着镜中的自己，浓密卷曲的黑发长至肩膀，头盔般盖在脑袋上。上衣绣着花朵，宽领子上有波浪形的花边。裙子长及车轮，一双光脚露在裙边外，蹬在脚蹬上。广阔无垠的天空与南达科他州的广袤草地被她瘦小的身影和巨大的镜子隔断了，照片的右上角有一小丛树叶投下的阴影。

直到那个夏天，我才发现镜子里的她看上去是那么成熟，惊异地似曾相识。突然之间，我感到一阵寒战。镜子里，我看到了自己的脸。那是我的扁平鼻子，浓密的睫毛，宽宽的额头。这是一种超现实的感觉，仿佛镜头捕捉到了这样的一个瞬间：妈妈正望着成人的我，而我则看着曾经的妈妈。

这是女人由女儿变为母亲的时空旅行。从女儿的脸上，我们研究着蛛丝马迹，幻想着她们长大成人后的样子。与此同时，我们也想象着母亲小时候的样子，试着去理解她们的童年。

了解母亲的童年可以帮助我理解这个复杂的女人。头脑中，最清晰的是母亲坐在钢琴前弹奏布吉乌吉*；为家人、农场工人和邻居们做饭；在家庭聚会上飞速地编织；在五个孩子的吵闹和混乱中仍然保持勃勃生机。

但是，还有另一个妈妈。她躺在绿色天鹅绒沙发上，一只手臂蒙在眼睛上，厚重的窗帘挡住了所有的光线，寂静无声。这个她，在我的记忆中是一团影子，是一串低语。然后，就是我三四十岁时候的母亲，用她的尖言利语或冷漠拒我于千里之外。

---

* 布吉乌吉（Boogie Woogie）20世纪60年代节奏摇滚（Blues Rock）的一个重要的支流，曾经有一段时间人们对这种音乐情有独钟。

这张照片还捕捉到了一段介于前女权时代和后女权时代之间的时光，这是一段过渡、变革的时光。在我青春期开始的那几年，两个女人独占着电视银幕，她们是家庭中两种女人的典型代表。滑稽而搞笑的露西尔·鲍尔，不断给家庭带来混乱和麻烦，每次都是被丈夫德西解围。还有沉静而美丽的简·怀特，通过让丈夫罗伯特·安德森自以为掌控了一切来掌控他。

纵观1960和1970年代，媒体带来了新的女性形象。一家银行前，贝拉·艾布札格*面前摆放着麦克风，电视上充满了她的身影，抨击着堕胎、不平等的工资、女性在职场和政界的缺失。电视上，女人们烧了胸衣，挥舞着荧光棒呼唤着性别革命。随后，波士顿妇女健康图书协会出版了《我们的身体，我们自己》，鼓励女性要对自己的身体更好、更熟悉一些。女性要把自己视为生育的胜者，革命者，要把自己放在首位。于是，在这个旧有文化和观念——被颠覆的时代，我努力着成为了一名妻子和母亲，以及新兴文化观念的专家。

1973年，我怀着女儿穆拉的时候，女权运动不断升温，母亲们可以为女儿幻想一个不被性别拘束的新的未来。夜晚，轻轻摇晃着女儿，仔细研究她的小脸儿，我思索着要怎样教导她，让她为接下来的时代做好准备，那个我曾经想也不敢想的时代。

但是，如果女权主义为穆拉打开了一扇门，那么同时它也关闭了我和母亲之间的门。母亲无疑也对时代的变迁感到无所适

---

* 美国女权主义的主要领导人。

从,所以她才对女权主义大力抨击,指责它破坏了家庭,教唆妇女满足自己的野心而忽视她们的孩子,贬低她们的丈夫。

总的来说,母亲的矛头指向所有女性,但却只有我承受着她各种各样的怨气。她指责我读过的书,有一次,她从我的咖啡桌上拿起一本《通往灯塔》*,斥责道:"你就不能看一看男人写的书。"

还有一次,她对我说:"女人赚太多钱,男人会离开的,因为他们感觉再也不被需要了。"

我说:"妈,首先我赚的钱还不够养活我自己,而且,如果把需要别人供养作为结婚的理由,那这场婚姻的基础是不牢固的,你觉得呢?"她沉默不语,眼睛只盯着地板,每次和她讲道理,她的反应都是这样。我们的谈话就好比一座堆满了炸药的矿井,不会爆炸,火花就像廉价的烟火,很快就被熄灭于无形。后来,我实在厌倦了回避,成心提出一些能够打破沉默的话题,但是,我也只能将话题局限在村镇八卦新闻、天气以及外孙上面。

我和母亲的关系日渐疏远,但是她与我女儿的关系却越来越亲密了。每年夏天,女儿和她的五个表姐弟都要在姥姥家里住上一个星期。外孙在的时候,母亲的一切规矩就都没有了。她在冰箱里装满了冰激凌和小蛋糕,厨房的架子上堆满了巧克力豆、薯条和泡泡糖,每天三餐都吃孩子们喜欢的快餐。她们还整宿整宿地熬夜,晚睡晚起,看电视剧,读《国家询问者》,都是她提前买

---

* 《通往灯塔》,又译为《到灯塔去》是英国女作家弗吉尼亚·伍尔芙的代表作。弗吉尼亚·伍尔芙被誉为二十世纪现代主义和女性主义的先锋。

来的小报杂志。

她的家成了孩子们的纪念馆。她把孩子们在宴会上送给她的康乃馨做成标本放进本子里,把她们画的铅笔画、寄来的歪歪扭扭的信和照片都贴在墙上、门框上和冰箱上。有一年,孩子们送给她一束气球,她把它们从门厅一直系到客厅。好多年过去了,有一只红色的气球依然屹立不倒,就在那里飘着,直到我的小侄女萨拉把它拿走为止。

穆拉在姥姥家被喂饱了糖果和垃圾食品,但是她确定姥姥爱她,所以,反过来,她也爱姥姥。穆拉一天天长大,母亲却故意无视她身上已经显露的自主和自由的特征。同时,穆拉对姥姥关于女性的谴责也只付诸一笑,说她过时了,称她为"疯女士"。母亲会自嘲,叫穆拉为"傻丫头",还递给她20美元。心情好的时候,她们能够彼此接受,这让我很高兴,这同时说明穆拉很自信。但是,总有抑郁的时候,我就会嫉妒她们的亲密,为妈妈专门针对我而愤恨。

现在,我已经很清楚了,妈妈在感到害怕的时候才会生气。妈妈和爸爸的第一次争吵源于爸爸道出了一件她害怕知道的真相:她弟弟卧床不起完全是因为酒精中毒,绝非什么偏头疼。妈妈是如此愤怒,以至于数周都没有和爸爸讲一句话。她也只有在我们小孩子做一些危险的事情时才骂我们,比如爬风车,站得离悬崖边太近等等。父亲去世的那一晚,她从医院里回到家,手里拿着一个塑料袋子,装着爸爸的眼镜、假牙和账单。她什么也没说，走到车库，把手上的塑料袋扔进里面，然后走回屋里煮咖啡。

50岁就开始守寡，这一定令她很恐慌。转眼间，她就必须要担负起一切责任，付账单、买保险、修理房屋、经营牧场、抚养十岁的小儿子，还有，学会忍受孤独。父亲走后，那个躺在幽暗屋里沙发上的妈妈不见了。愤怒，是她对抗恐惧的武器。而女权主义，在她看来是对男人的飘渺幻想，是对传统家庭的讽刺，所以成为了她的愤怒所需要的目标。

愤怒，给予了她希望——只要她愤怒着，她就活着。在母亲生命的最后五天，她没有一刻不希望挣扎着活下去。在生命的最后几个小时，愤怒使她充满了面对死亡的勇气。医院的牧师来为她做临终慰藉，他说虽然他忙得要死，但是只要一有时间，他还会再来的。母亲是那么虚弱，甚至抬不起手臂。但她还是挥动骨瘦如柴的手指驱赶牧师，说："你可千万别再来了。"牧师从一个小黑本子上挑了一段儿祷词迅速地读了。

在我公开演讲的时候，在我独断专行的时候，母亲在我身上无论如何也看不到自己的影子，并且对我的大胆感到迷惑不解。母亲生前的最后几年里，我们都成熟了，也接受了彼此。我带着她出去吃饭，到商场里买口红和面霜。她给我讲家族里有趣的八卦新闻，讲我的父亲和我的童年。但她的遗憾和秘密却只属于她一人。而我，也保留着自己的秘密。我们都独自蜷曲着，自我保护的本能太过强大。

我对自己的沉默感到后悔。我应该向她解释，穆拉的童年是快乐的，因为她的母亲，我，并没有被社会的成规束缚。特蕾莎·乔丹在《骑着白马回家》一书中表达了对母亲的骄傲，因为她"决心不做非自愿的牺牲"，不做婚姻的殉难者，也并不为此感到自责。当我在文学课上为学生们朗读乔丹的作品时，一个年轻姑娘说她希望妈妈少为她牺牲一些，这样压在自己身上的重担也会轻很多。

我可以对妈妈说，我为家庭所做的所有付出都是心甘情愿的，我放弃考取博士学位，因为不想与家庭分隔两地。这个决定意味着我将永远得不到正教授的待遇，但是，我不会怨恨，也不会后悔，因为这是"情愿的付出"。

我希望母亲能够理解，女权主义帮助我建立了自己的事业和公共生活中的地位。而她的一举一动，她放在我高烧额头上的手，夜光下焦急的脸；竞选拉拉队长失败，她开车带我在城里兜风，放在方向盘上的细长手指；埋葬父亲之后，带着我们走过草坪时她瘦削的肩膀和挺直的腰背，则指导着我如何为人母。

时至今日，女儿长成了一个阳光、积极主动的商业女性。环游世界，26岁就开始获得巨额贷款，走进婚姻只因为一份平等的感情，她的丈夫会做饭、收拾屋子、给孩子换尿布，并且支持她的事业和人生目标。她在这个世界上活得很自信。多年前，我抱着她小小的身体，许下的愿望，如今都一一实现了。

但是，我仍然希望她记住，她的生活有可能是完全另一种样子。在女权运动成功为女性争取新生以前，女人们只有三种职业选择——秘书、护士或教师。我成为了教师，因为父亲对我说："女孩子当个老师挺好的，还能照顾丈夫和家庭"。教师这个行业与我的兴趣完全吻合纯属幸运。

妇女运动之前，毫无经济独立可言。刚刚当上教师的我，有一次去女士服装店，打算把牛仔裤换成裙子，却被告知要先请我丈夫，肯，开一个账户，女人是不能独立开设账户的。妇女运动之前，我应该把教师的工作视为丈夫的恩赐。经常有女人对我说："你真幸运啊，你丈夫居然允许你出门工作。"她们还经常赞扬肯能够帮忙做家里的事。

这是我的经历，女儿的经历则完全不同，总体上来说，这得益于所有前辈的女性。她活生生地印证了玛蒂尔达·朱思林·盖奇的话："今日的女性是她们母亲和祖母心中的理想在现实中的实现。她们充满活力，才华横溢，坚定不移；她们必将胜利，因为她们身后积淀着成千上万代女性的努力。"

既然女儿如今也已身为人母，我希望她清楚什么是可以付出，什么是不愿付出的。希望她明白作为母亲和作为自己之间的界限。我对女儿充满了深厚的爱，但是有时候牵扯的精力太多会让人窒息。回到教师岗位是我给自己保留的部分生活，除了丈夫和女儿，我需要一部分只属于自己的世界。当一天的工作结束之后，我会充满欣喜和期待地回到他们的世界。有太多的女人过分溺爱孩子，使他们无法自立。还有太多的女人以孩子为生活目标。她们是孩子的阴影，孩子也是她们的阴影。阴影是暗淡的，陈旧的，不适合女人。

母亲去世已经三年,我经常观赏她留给我的小东西——一个莲花与龙图案的嘉年华玻璃杯,一把粉色玫瑰茶壶,她收集的瓷器杯子和一张坐在三轮车上的照片。对于她遗传给我的音乐天赋、幽默感、大胆以及压抑不住的冒失,我万分感恩。但是,我需要的东西,她却以一种无意识的自私带进了坟墓。我要的是关于她的真相——唯一可以重塑母女关系的关键,我要的是打破一切沉默的坦诚。

母亲的意味

芭芭拉·拉斯科夫

> 我给妈妈带来了无数麻烦,
> 但是妈妈还挺享受。
>
> ——马克·吐温

罗恩达·施华茨的妈妈喜欢一边做饭,一边抽细细的女士雪茄,还说脏话。她会直截了当地问我跟男孩子发展到什么程度了,还往我12岁的小脸蛋儿上抹胭脂。我真是又惊又吓,但是,我喜欢。

施华茨太太有时候还会穿着模特一样遮盖不全的衣服,着急地问我们她的热裤或紧身T恤衫和她的胸罩是否搭配。下午,她能长时间地泡在泡泡浴里,给我们热蛋卷儿的时候一根接一根地抽烟。她无时无刻不画着浓妆。我从没见过这样的妈妈。我想,妈妈可以是这个样子的吗?

从罗恩达家回来,妈妈会问我施华茨太太晚上给我们做什么吃了,第二天早上又做什么饭了。回答总是一样的:汉堡王和麦当劳。妈妈就会很生气,这让我很费解,明明都很好吃啊。然后,妈妈就去打电话给她表姐抱怨,她表姐家就住在施华茨太太家附近。施华茨太太很显眼地站在自家的窗前——没穿上衣——喷出一股香烟。而且,她还对我表姐的丈夫挤眉弄眼。表姐不喜欢她,自然我妈妈也不喜欢她。

我的妈妈穿着普通的蓝黑相间的家居服,平整的短头发,大多数时间都花在开车送我们去各种各样的地方,参加各种各样的活动上。我们每天晚上都吃她做的饭,第二天要穿的衣服干净整齐地放在各自的床头。房子到处都是整洁的,妈妈总是在忙着做这做那。

妈妈也有一件在受戒礼[*]上穿的银色闪亮的裤子和一件镶有人造钻石的长外套,只是平时不穿罢了。我多么希望她能穿得稍微振奋人心一些,前凸后翘一些,你知道的,别总像个老妈子。

长大一些之后,每次妈妈接我放学回家,我就只有一个愿望——她待在车里就好。我才十几岁,但是每次看到站在车旁等我的妈妈,都觉得自己瞬间老了四岁。真是令人难堪。为什么每次一坐进车里,她就马上追问今天我都做了什么,还要特别详细的回答?好吧,她把音乐调到摇滚频道还是挺酷的,但是偶尔听到类似《想要做爱》这类歌的时候,我就特别尴尬。天哪,妈,你

---

[*] 受戒礼(Bar Mitzvahs):为满13岁的犹太男孩儿举行的成人仪式。

母亲的意味

可千万别问我觉得这首歌怎么样，也千万别跟着一起唱。一到家，我就给罗恩达打电话，央求着要到她家过夜。妈妈总是答应，虽然很显然她看不上施华茨太太的居家风格。车子离家渐渐远去，我常常感到松了一口气，又可以和罗恩达还有她妈妈坐在娱乐室里了，又可以听着艾迪·肯迪瑞克的《继续交往》跳街舞了。

如今，我已经有20多年没有见过罗恩达了，不知道她妈妈是否还留着火一样热情的红头发，是否记得曾经告诉过我她的宽口喇叭裤送去干洗了。我告诉妈妈，我也要把喇叭裤送去干洗，得到的反应是挑高的眉毛和一声深深的叹息，然后妈妈就给她表姐打电话抱怨去了。我不知道罗恩达是不是也成为了一位母亲，不知道施华茨太太是否成为了一位祖母。我想象着罗恩达的妈妈注射过肉毒素的脸，穿着与当年同样款式的衣服，总觉得自己想象的大致不错。

奇怪自己总是想起童年的这些人和事，但是既然现在我有了一个女儿，就自然会琢磨母女关系的过去、现在和未来，还有——电视。

如果我没有女儿，那我就会认为《吉尔莫女孩儿》[*]里面的母女关系是最理想的。妈妈很年轻、酷、漂亮，女儿聪明、温顺、出众。她们一块儿吃冰淇淋看烂片儿，一块儿讥讽难听的摇滚乐，讨论60年代的时尚。她们简直无与伦比。生女儿之前，我

---

[*] Gilmore Girls，美剧。

认为吉尔莫母女的关系是完美的典范，其实具体地说是年轻妈妈的典范。我一直渴望成为一个年轻妈妈，虽然我母亲是个年轻妈妈，但是在我看来却不太像。她29岁之前就已经有了三个孩子，我29岁的时候还睡在办公室搭的单人床上。施华茨太太也是年轻妈妈，她有点儿太年轻了。女儿上大学的时候，我已经快60了。但是，为母之道真的与年龄有很大关系吗？

随着时间的推移，我越来越觉得我的母亲很棒。她是妈妈，不是朋友。我们从不花上三个小时长谈，做心灵上的深刻交流，相反却经常彼此捉迷藏。我还记得在自己的睡衣抽屉里藏避孕药，很神奇的，过了几天，妈妈不经意地谈起她的一个朋友的女儿如何避孕的话题，她朋友的女儿吃避孕药，这很好，说明她很注意自我保护。我把这次谈话视为她对我服用避孕药的赞同（虽然，当时的我还没尝试过性行为，避孕药只是为了以防万一，之后的几年我也用不上它们）。

我和妈妈不互相猜谜的时候，就串通起来瞒爸爸。瞧，我的父母都是严格的人。他们必须知道我所做过的一切，但是不那么关心我打算要做什么，他们只是要确保一切都在正轨上。每当我告诉他们坏消息，比如找了个非犹太人做男朋友，比如在耳朵上打了好几个耳洞，比如不想当护士（为了嫁给医生），他们居然没有捂上耳朵大声唱歌真是让我佩服。

我还是得到了很多自由，虽然这份自由有可能被他们之中的任何一个人以任何理由剥夺掉。有一次，一个雪下得格外猛烈的

母亲的意味

晚上，我求爸爸让我开车出去参加城里的一个聚会，他同意了，但要求我必须格外当心驾驶。我随便回了句"放心吧"，然后就抓起了新买的外套，标签都忘了摘掉。那晚过得相当有意思。夜很冷。我遇到了一个非犹太男孩儿。凌晨三点半，走到车子旁边，我发现车子被砸了，车里面的东西在街上散落得到处都是。当时脑子里闪过的第一个念头是：可能要被关一辈子禁闭了。

到家的时候已经四点半了。一般我没有回家时间的限制，父母只是想知道我具体几点回家，对于晚不晚他们倒不是很在乎。妈妈一直在等我，她的第六感告诉她可能出事了。她说她做了个关于我的噩梦，然后就决定不睡觉等我。我真高兴她能等我，虽然知道自己会被骂得很惨。我告诉她发生了什么事，她重复了我的担心，爸爸永远也不会让我用车了。但是她有个计划。她问我车里是不是还有碎玻璃，我说有，她就让我赶紧去把车里的碎玻璃倒在路边。

"我们做个假象，让事情看起来是在这里发生的。"她说。

我照做了。然后回到自己房间，等着妈妈去把狗弄得吼叫起来。

"有人把挡风玻璃打碎了。"她以爸爸能听见的声音大喊。

我听妈妈述说一个穿着蓝色外套的男人攻击了我们的车子，令我吃惊的是，爸爸居然相信了，等我走出房间，他说真是庆幸这事没发生在城里。我想，如果发生在城里，就都是我的错，发生在家里，就不是我的错。我并不想为这个奇怪的逻辑和他争吵。

后来，我经常想起这件事，因为我了解女孩儿们，我知道她们有时候是多么狡猾。我也知道，女儿肯定会对我撒谎。她会抽烟，背着我和坏孩子约会，然后回来言之凿凿地说她是在哪个朋友家过的夜。我知道她会买我不赞成的衣服，一离开家就赶紧换上。我知道她会做一切让我想知道又不想知道的事情。但是我不能责怪她总是想出圈儿。

但不同的是，我想要知道，却不会指指点点。我要让女儿就做她自己。我可能并不喜欢她做的每一件事，但我不会阻拦她以自己本性的方式成长。母亲对女儿需要管教，但不能泯灭天性。我希望我们之间能够坦诚，她是否对我吐露真实想法是她的选择，我的目标。

如果真能像《吉尔莫女孩儿》那样就太完美了，和女儿以及她的朋友们打成一片，一起玩儿朋克摇滚，但是，我认为这么好的事儿不会发生在我身上。我不是酷酷的妈妈。当然，如果她愿意和我一起买几件新衣服，这当然好，但如果她更愿意和好朋友去逛街我也不会怪她。相对于朋友，我更想首先做好妈妈。对我来说，做个好妈妈也意味着知道什么时候该进，什么时候该退，什么时候不是朋友。如果她不愿意我出现在学校门口接她，我会难过吗？当然。但不代表着我会和我的母亲一样，站在车旁等待。这，是我学到的为母之道。

在母亲和施华茨太太之间有个折中，我知道有的，这也是我为什么写这篇文章的原因。在爱心妈妈和好朋友之间有一条精致的界线，我希望把选择的权利留给女儿。如果你今天问我，我会回答：想既做她的妈妈又做她的朋友，但是我知道，这不现实。

十年以后再来问我吧。

近　海

泰拉·布雷·史密斯

> 他的作品不在光明的前方，
> 而在他身后，在徘徊不去的忧郁里。
> 要发现这点，很难。
> ——《黑暗的心灵》乔瑟夫·康莱德

2003年7月，太阳离地球最近的月份，它就像个巨大的灯泡悬挂在头顶正上方，没有留下任何影子。市中心，酒鬼从酒吧里出来了，酒店街沿河的空气里弥漫着怪怪的甜味。我的妹妹莱拉和我已经寻找妈妈好多天了，后来才知道她在一所名为生命之河的慈善机构，所以，我们才到了这里。

九点，施舍早餐的门打开了，男人排成一队在左，女人在右。在女人的队伍中，有个人只穿了一件胸衣，还有一人拖着一个大箱子。去年圣诞节，我和莱拉疯狂寻找妈妈，照顾她的时候，我给她买了一个类似的行李箱，但是要小一些。她看起来是如此的不堪重负，背着许多背包。莱拉给了她一张50美元西弗维商场的购物券。她曾在西弗维商场被抓到偷喝咳嗽糖浆，或是漱口水，然后在监狱里度过了一晚。我不知道她的包去哪儿了。

这就是2003年的情况。妈妈2001年吸食海洛因上了瘾，后来就沦落到了大街上，过上了另一种生活。早晨意味着在巡逻的警察或清洁人员到来之前收拾好行李，她和她丈夫罗恩当时偶尔会住在一所写字楼里。还有时候他们会住在姥爷曾经工作过的酒店里。她说住在那里的时候她经常梦见姥爷。她和兄弟姐妹们在夏威夷的努阿努帕里长大，就在努阿努帕里的河岸。

想起妈妈，我就想起那条河，那条穿越火奴鲁鲁的河，那条为城市命名的河。火奴鲁鲁意味"屏蔽之湾"，1780年欧洲人初次来到这里就把船停泊于此。1893年夏威夷革命第一枪打响的时候，我妈妈的曾曾外婆就在那里亲眼见证了夏威夷王朝的结束，夏威夷从此纳入美国的版图。

妈妈的祖父经营甘蔗园，她和兄弟姐妹出生在皇后医院，离祖父的办公室只有400多米远。在街对面的圣安德鲁教堂，1970年，妈妈嫁给了爸爸。她姐姐的骨灰后来就存放在那里，我觉得她的灵魂现在就躺在那些台阶之下。虽然河流的堤岸都已经覆盖上了混凝土，桥梁和人行道纵横交错，河水也被污染了，塑料瓶子漂浮在绿色的水面上，这仍然是伴随她成长的河流，河岸上也曾经开满了祖母种下的栀子花。

市中心的河段是全夏威夷最脏的，你怎么能让近在咫尺的美好就此消失了呢？

所以才有了生命之河基金会。人们在这里可以领取到早餐。虽然外面酷暑难耐，人行横道上还有呕吐物，大厦里面却秩序井然。

妈妈喜欢这里因为有空调，还有人群。在这里，早饭之后你还能洗个澡，选一件别人捐赠的衣服，我找到她那天，她还得到了一件斜纹棉布的裤子。然后我们就一起去了邮局，那里有给罗恩的残疾补助。

"这就是我们每天干的事情。"有一天我们一起坐在路边，她说。"吃饭、走来走去、然后回到生命之河基金，找个地方睡觉"。

我觉得很悲哀。"你为什么要这样？你喜欢流离失所？"

她沉下脸。"不，我不喜欢。我吃过苦，现在在赎罪。我累了，照顾不了所有的人，我说，去他妈的。于是我逃开了，然后就是现在了，置身事外。"她说着，用僵硬的手划拉地上的土，画出道道痕迹。"还不错，是的。活着就应该多看，多感觉。之前不知道救助站是什么样子，现在知道了。"

她看着我——她灰蓝色的眼睛只瞟了一眼就看向了身后的种植园。

"上帝啊，看看这片土地，多么漂亮！"

这就是典型的妈妈，经历过很多，却又那么单纯。但是当时，她的雀跃并不那么自然。她住在大街上。她看到的"土地"不是旅游胜地，只不过是邮局对面一片斑斑驳驳的种植园而已。但是，她是我的妈妈，我爱她。她假装坚强，景色是不是真的好看又有什么关系呢,只要她喜欢。

过去寻找她的时候,沿着河寻找是最可怕的。沿河而上,经过商场、酒店,从妓女、毒贩、赌徒身边走过。我曾经一度以为某个妓女是妈妈,所以现在看来那天我们坐在一起聊天还不赖。公园里的池塘泛着蓝绿色的水光,花朵在阳光下灿烂地开放。我能看得见港口的船,以及天边的海平线。并不是很糟糕,甚至还很漂亮。

着迷,就是施一个咒语。小的时候,我曾梦到火焰里的女巫,也许是日有所思夜有所梦,我特别希望自己梦游,觉得这是一件很酷的事。外祖母曾经说过也许是妹妹和我把妈妈耗干了,我们出生的时候,带走了妈妈最好的东西。听起来多像神话故事。外婆才是要为妈妈负主要责任的人,但是我们家就是跟别人家不一样。在我们家,女巫或是刚会说话的小姑娘都需要为一切负责。但妈妈和外婆天生就是这样,所以结局都不怎么圆满,所以当她们真正离开的时候,没有人会伤心。

很久以前,我和妈妈住在一起,有海滩,有沙子,海浪在夜晚沙沙作响。如果不想去学校,我就可以不去,但是下午会有一辆装满美味酸奶的卡车开到学校去,我就跑着穿过一条臭臭的胡同,跑去找酸奶喝。

小的时候,我几乎没见过爸爸。爸爸和妈妈19岁相遇,那时候的爸爸是个来自加利福尼亚州的冲浪小子,那时候的妈妈,据爸爸说很漂亮。妈妈未婚先孕,于是他们结婚了,然后搬到了北部海湾,在一个甘蔗园工作,妈妈弄了一个小园子,还从邻居那儿学会了烤面包。我两岁还不到,爸爸就离开了,我三岁不到,他就找了一个新女朋友,后来成了我的继母。

但是妈妈才是她自己生活的主角、导演。她的生活混乱、随心所欲、激烈,不缺少爱,只是缺少计划。我们总是搬家,租金是按月付的,不是按年。有一阵子,我们住得离外婆家不远,外婆的丈夫看到妈妈总是穿着睡衣送我上学,他就对外婆说这样不好,他有些担心。但是妈妈那时候很年轻,才26岁,没有人预知她的未来是如此糟糕。

后来我爸爸来接我了,当时妈妈正在杂货店,回来以后发现我不见了。那年我七岁,妈妈27岁。从那以后,我再没有和妈妈住在一起。刚离开的时候,我想念她,经常哭。我保留着她写给我的每一封信,后来她生下了和我有一半血缘关系的妹妹,莱拉。不久之后,她搬到了加利福尼亚州的蒙特利,生下了劳伦,我还去看望过她。我认识了爸爸,认识了继母,放学后踢踢足球,犯了错也会被禁足,知道了撒谎要付出代价。我上学了,后来还念了大学。我长成了大人。

但是妈妈的生活还是那么戏剧性。她打电话来,哭着说她把妹妹落在了某个机场,于是我就急急地赶过去。我把她写进书里,描写我记得的每一个事故,后来满页的真实被虚构代替。她那时候过得还不错,后来就不行了。

当她失去了在火奴鲁鲁的家,当她落魄得住在街上,我的心都要碎了。整整五年，她流浪，吸毒，经常进出警察局；我为了她写了一本书，我哭，我喊，我感觉痛心，但除了在梦里，我从没有对着她愤怒地大叫。

后来，到了2005年秋天，她病倒了，感染了金黄色葡萄球菌，开始咯血，后来发展成免疫性疾病，血小板极低，血液很难凝固，于是体内开始出血。我后来移民到了德国，当我从德国匆匆赶到火奴鲁鲁，她体内出血的状况已经持续一天了。

她的主治医师对我们说要做好最坏的打算。全家人都在，外婆、姐妹、姨妈还有我。有一天晚上，吃饭的时候，我对妹妹们说要做好心理准备，妈妈可能就要死了，是她把自己置于如此境地，我说，对吸毒的人来说，毒品比生命重要。人们都这么说，书上、电视上都这么说，我的读者写信来也这么说。妈妈的主治医师看过我的书，对我说，你的毒品就是你妈妈，她的死也许可以将你解放。我告诉最小的妹妹要"活出自己的滋味"，我告诉妈妈我爱她，她马上就会好起来的，但是我心里并不相信她会痊愈。

妈妈在医院里住了三个星期，然后痊愈了。"她当然会活下来，"爸爸在晚餐的时候大笑着说："祸害遗千年，你外婆如是，何况你妈妈。"

我的爸爸，黑头发，黑色幽默的爸爸，从始至终都陪在妈妈身旁。他是我的救世主，是我正常长大成人的唯一原因。

"你可以写一本番外故事。四个女人，四种命运，聚在一起，面对她们即将去世的妈妈。书名可以叫作《月亮的女儿》，肯定畅销。"

我也笑了。生活将会继续,妈妈将会继续。

爸爸去世的时候是2006年的一个星期六,这是个悲伤的日子,20年前,也是这一天,他告诉我要和继母离婚了。爸爸在维基吉一处名叫天堂的海滩冲浪的时候,心脏病发作,从冲浪板上掉了下来,溺水而亡,当时是下午三点。而那时我妈妈却奇迹般地健康地活着,她正和罗恩在一个酒吧里,喝着苏打水,看别人赌博。

接到电话的时候,我在马德里。打电话来的是爸爸的女友,她的声音里充满了痛苦,于是我知道出事了。但是我仍然庆幸爸爸不是死于鲨鱼。在飞往火奴鲁鲁的路上,我病倒了,到达之后的第二天,我仍然病得不轻,妈妈来看望我。她出院才三个月,而且等到了等了五年的墓地,就在那片甘蔗园上。

一周之后,我们来到了爸爸溺水的海滩。爸爸的继母和妹妹来了,我的未婚夫来了,爸爸的女朋友来了,还有他最好的朋友。我不知道天堂海滩在哪里,大家都不知道。报纸上管那个地方叫"流行之地",我总觉得是"老年流行之地",因为我知道很多老年人喜欢在那里冲浪。我看向水里,面对那一片即将接纳爸爸的蔚蓝,心中感到宽慰。

我打开骨灰盒子,他的骨灰飘洒在海面上,浮了一阵子就不见了,只剩下我们撕下的花瓣。有一张照片,上面的我坐在船边,脚趾拂过海面,陷在自己的沉思里,悲伤但不悲痛;内心深处,我唯一想做的就是跳进大海。我并不想死,也不想追随父亲,我只是想融进海洋。爸爸进去了,妈妈出来了,都让我措手不及。

"近海"是一个专业的航海词汇,意思是离岸最远的,但是仍然可以被看见的海面。如果在近海看到一艘船,说明这艘船马上就要靠岸了,无论那艘船上搭载了什么,都很快被人们看见,人们站在岸上盼望了一天一天又一天,终于看到了。看着近海的时候,有时会漏掉什么,你完全没有准备,是一场战争,是一件礼物,还是一则消息。

和妈妈一起长大,为了安全起见,我学会了观察地形,以便在需要的时候迅速离开。这是30年前的事了。到处寻找妈妈的时候,我沿着河奔跑,努力记忆每个经过的地标。救济所叫作生命之河,而我爸爸死于天堂。至今,我还保留着留意细节的能力。日常的一些小事,还没来得及分析,没有被整理成故事,虽然我记得,但是事出的原因已经模糊。这也是一种能力的缺失,不追究事情的起因,因为妈妈对我说过,人生苦短,瞬息万变,为什么费神思考原因和意义呢。

妈妈的东西都放在一个储藏室里,我很害怕有一天要面对那一堆混乱。整理爸爸的遗物并送回我在德国的家就已经够人受的了。这些遗物中蕴含着那么多回忆。当父母亡故,回忆便会伴随着这些遗物汹涌而来,令人如此迷茫,都不知道该把目光放在哪里。

有时候,你必须强迫自己把目光从这些东西上移开。其实最好在父母健在的时候就一起回忆过去，这样他们在离开之前可以明明白白意识到，他们养育了你，如今你也已经长大成人。这一点我爸爸是知道的，这样的话由于该说而没说出口所带来的悔恨和痛苦会少很多。我觉得妈妈也知道这一点，不知道为什么，我就是本能的知道。

我从妈妈那里学会了随大流，学会了做芒果奶酪蛋糕和李子酱，学会了孩子不能被过分宠爱，学会如何游向远海，即使害怕得要命。我从她那里学会坚持走下去，直到走不动为止。但同时我也在她身上看到了"自我放逐"的巨大力量，我再也不敢低估它了。世界上的苦难千千万万，活着有时候意味着痛苦和迷茫，自我放逐有时候是一笔财富。

过去七年我是怎么度过的？离开了妈妈，和爸爸住在一起，写了一本关于妈妈的书，嫁人，然后移居德国。脑海里经常会出现一幅画面：森林里，一条河流潺潺流过，河水的颜色像中餐馆里经常能喝到的茶水的颜色，河底的石头清晰可见，一根木棍在河面上漂过，被河水迅速地带往下游。但是我的比喻到这里就说不下去了。我应该使用河流还是地平线来比喻？我也很喜欢来自海洋的船继续逆河流而上的画面。

预测未来的伤痛往往是不可能的，但是努力理解、平息过去的伤痛是可以做到的。

如果妈妈不能成为茫茫世界中的归宿，那会是什么样的妈妈？我曾经在某本书上读到，如果缺少母爱，有些人会在鸦片中寻找安慰。我很难过，因为我的妈妈没有得到过她所需要的母爱；我很生气，她让自己的缺失在我身上延续。但是，成年有一件事最棒，就是每个成年人都要为自己负责，一旦过了某个年龄段，人必须学会自己照顾自己。

我丈夫有一次问我写作为了什么。我回答，我很会想象没有发生过的或是即将发生的事。他继续问，你觉得做个预言家很重要吗？我不知道。

妈妈还活着，虽然她仍在挣扎，但是改变确实存在。咒语已经被打破。当看护妈妈不再是我的职责，我相信我会慢慢寻找到自己真正想做的事。

有毒的钢笔

盖勒·布兰迪斯

> 一个字接着一个字,
> 每一个字后边便是力量。
> ——《拼写》的作者玛格丽特·阿特伍德

我妈妈拥有一支神奇的万能钢笔。如果她为了什么事情感到不爽——比如,待洗莴苣里的一只飞蛾,或是一个贪官,她就会写信投诉。从记事起,她就开始这么做了。她把这些信取名为"毒笔信"。基本上所有的信都有结果。

在《科伦拜恩的爆炸案》里,迈克尔·莫尔从凯马特商店里卷走了所有的弹药。早在这之前十几年,我妈妈就干过同样的事情。当她去当地新开的凯马特商店购物时,惊恐地发现枪支居然可以公开售卖了。一到家,她就马上展开信纸给凯马特商店和有关当局写信。她还召集了学校自卫队。作为学校安全理事会主席,她曾写信给市政府,在学生通往学校的繁忙路口挂上了"红灯不许右转"的牌子。她有本事鼓动所有愤怒的妈妈们,使得凯马特商店不得不重视起来。商店邀请她们共同讨论解决办法,最后她们开始把枪支强行下架。

我还是个小女孩儿的时候,经常看到她拿着一只金色的钢笔坐下来,桌上有象牙的固定笔架,她的脸上闪耀着坚定。有时候,她把信直接从家里寄出去。有时候,把信送去给爸爸的秘书,让她打出来显得更加正式。我知道,每当她生气的时候,她就开始写信来平息怒气。

我见过她给医生们写信,给厂商写信,给参议院、校长和亲戚们写信。有一次,她写信给一家法国餐馆的老板,说在重要的工作午宴时看到一只蟑螂在桌子下爬着实让她震惊。她写到,城里最昂贵、最高档的一家餐馆居然会出现这种问题真是让人出离愤怒。餐馆随后表示了深切的歉意,还为她提供了一顿免费的双人晚餐,她欣然接受了,而且很高兴从毒笔中获益。这就是文字的力量,它们甚至能为你带来洋葱汤、红酒炖牛肉和橘子黄油薄卷饼。

妈妈从没握着我的手说:"盖勒,写作能改变生活,能明辨是非。"用不着这么做。她本身就是绝好的榜样。很小的时候,我就开始模仿她了。我给吉米·卡特[*]写信询问我要怎么做才能减少污染。几周后,收到了一个盒子,里面装满了印着猫头鹰卡通图案

---

[*] Jimmy Cater,美国前总统。

和停止污染标语的塑料袋，还有几张宣传折页指导我如何清洁社区。我讨厌打扫自己的房间，但是会长时间在公寓附近的海滩上捡拾空瓶子、香烟头儿和被海水冲上密歇根海岸的奇怪漂浮物。信件有了回音让我倍感兴奋，我可以用文字和实际行动改变世界了，而且还能得到包裹！

在玉米花生盒子里我发现了一个赠品，一个印着绿色泡泡的小本子，于是我给玉米花生厂家的高层写了一封感谢信。没期待着会有任何回复，所以当收到一个大盒子之后我真是惊喜极了，里面至少有20盒玉米花生糖。我不知道厂家是怎么找到我的，因为寄出去的信上根本没有名字或地址。

妈妈有时候会为了我写信。十岁的时候，她把我写的几首诗打包寄给了金色图书出版社，希望她们能出一本插图绘本。金色图书写了一封可爱的回信，说我的作品不太适合他们，但是我是很有才华的，应该继续写下去。对一个像我这样年轻的作者来说，已经是相当大的肯定了。

如今妈妈继续为我写信，像我的宣传代理人似的。我承认，有时候也弄得我挺尴尬的。她说要与媒体批发商联系的时候，我有些畏缩。我告诉她，我有自己专业的宣传代理人。如果报纸和广播收到作者的妈妈写来的感情强烈的推荐信的话，就显得太不专业了。对于我的拒绝，她每次都会愣怔一下。（但是，每次最后还是把信寄出去了，当地的一家报纸还刊登了类似于"骄傲的妈妈告知我们她女儿的第二本书已出版"等）。虽然有这些偶尔的

有毒的钢笔

别扭，我还是特别感谢妈妈的强大支持——她写的那些信最终也为我带来了书评和约稿。

妈妈继续以正义的名义使用着她的笔。通过联系伊利诺伊州的议员凯洛·莫斯利·布朗，她帮忙完善了离婚法律条款。目前，正致力于帮助保护女性旅游者。我非常幸运拥有妈妈这样的榜样来诠释文字的力量。

这也是我试图传递给女儿的。她看着我创作小说、散文和诗歌。我希望她能从中得知我们的声音是举足轻重的，我们的思维、想象、激情与愤慨是值得记录、值得与全世界分享的。

汉娜还很小的时候，就已经直觉地感知到了语言的力量。她走到哪里都哼着歌，自发的，超现实的词句从她的小嘴中吐露出来，就像小鸟在啾鸣。她很愿意被别人听到，也对自己的嗓音很自信，任由它随意引领。而我也经常鼓励她。她卓然天成，在一个歌唱夏令营里，她总是把着麦克风唱个不停，最后人家不得不把麦克关掉。她大胆、无所畏惧，人们觉得她很有天赋。六岁的时候，她曾经在一张大纸上画海报，因为要在后院开个人音乐会。"趁汉娜还年轻的时候赶快来认识她吧，她必将成名。"这是海报上热辣的宣传语。

太可惜了，那个时候我们还没有摄像机，无法生动地还原当年那个不受拘束、毫无自我意识的、激情释放的瞬间，想到这一点我的心都碎了。汉娜现在13岁，我多么希望她能听到当年自己声音里充满的自由和自豪，我对她说："趁汉娜还年轻的时候赶快来认识她吧。"这个她还在你的心里。过去我常常听说女孩到了12岁的时候自我评价会降低，自信会减少，好吧，显然汉娜不会的。她是自然的神奇造物。九岁的时候就创作出80页纸的戏剧作品，并且在全国性的戏剧创作大赛上受到好评。我知道，她是想做什么就一定能成功的人，她的无畏经常激发着我的灵感。

但是，六年级的时候，汉娜开始显示出了一些改变，她开始内敛，害羞。开始在乎别人对她的看法。突然唱起歌来的时候也减少了。我没想到这样的变化会发生在她身上，但是事实就是事实。

我试图点燃汉娜体内蕴含的往日光辉，火苗还是绝对存在着的。汉娜是个素食主义者，学校里少得可怜的素菜着实让人懊恼。午餐的时候她发动大家签名制作请愿书，准备提交给校方申请更新鲜、更健康的饮食。我给她找了几篇支持性文章，她也把相关内容加了进去。看到她的动力与坚定，我是如此惊喜，她坚信自己的声音能够改变现状。

她搜集到了30多个签名，有些还来自教职工。但是她的班主任发现了这件事，拿走了她的签名簿。我对她说，我会很高兴和她并肩战斗，共同面对校长，必要的时候哪怕要面对校董事会。但是，她却不想继续了，认为自己已经做得够多了。我不想逼她，只是想让她知道她有站出来说话的力量，这份力量永远都存在，哪怕全世界六年级的班主任都来拿走她的签名簿。

我在汉娜那个年龄的时候并不好过。13岁，正值搬家，在新学校我交不到朋友,因为我那么害羞。我患上了克罗恩病[*],休学了一年。第二年继续装病,因为还没准备好加入青少年的世界。妈妈给我的医生们写了很多封毒信,因为她不相信我的病和心理因素有关。

能看得出来,妈妈在那些信里倾注了多少强烈的感情,而这些信给了她强烈的目标感。为了支持她的圣战,我继续着关于自身疾病的谎言。

那段时间,我拿起了自己的笔,为全国回肠炎和大肠炎基金会地方分会撰写专栏。我还建立了自己的业务通讯——肠胃公报,上面是关于肠胃炎等疾病的新闻和感悟。当然,因为我不是真的一直生病,所以有些内容是歪曲的,但还是收到了读者的感谢信。尽管整件事很奇怪,充满了谎言,但是我知道自己的文字发挥了作用。

如果知道了我的谎言,妈妈一定会为她的毒笔感到难过。但是,她一定会高兴,她的毒笔激发了我的文字能力,我已经学会了用笔作为代言。我知道每当鼓励汉娜大胆发言、勇往直前的时候,她都感觉有压力,会觉得我给她设置了太多希望,希望她成为一个她已经不再是的人。我试着不逼她,试着认可她的现状,试着不期望、只鼓励,试着避免让自己的情绪决定她的未来——这是个很难把握的平衡,二者的界限比墨水线还纤细。

---

[*] Crohn's disease:一种消化道的慢性、反复发作和非特异性的肠道透壁性炎症。

请愿书事件后的一年里，汉娜的自信心可谓潮起潮落，很富有戏剧性。让我高兴的是，最近，以前那个汉娜破土而出的时候越来越多了，拨云见日啊。她的歌唱、狂野的幽默感和颠覆性的反反复复都能给我带来灵感和启示。

其实，我自己也很害羞。妈妈教我用文字来克服害羞。妈妈说，在安全舒适的家里，你可以放心地书写颠覆思维和心灵甚至法律政策的信件、专栏和故事。与此同时，女儿也教会了我不要逼得太紧，要明白自己的界限，给她也给自己留出成长和寻路的空间。我会用我的笔来制造不同，但要避免给所爱之人注入过多的期望。

而且，真的，我不愿意觉得自己的笔充满了毒液。我更喜欢甜一点儿的东西。一种治愈自我和他人的潜能。我希望诚实而热情地使用这支笔，还有从妈妈那里学来的坚持不懈，从女儿那里学来的大胆无畏。我渴望自由歌唱。

不是她理想的女儿

安·胡德

> 女人们知道，
> 如何抚养孩子。
> 她们熟悉简单、快乐、温柔的诀窍，
> 给宝宝系腰带、穿鞋子。
> 她们呢喃着没有意义的词句，
> 却令它们充满浓情蜜意。
> ——《奥罗拉·李》伊丽莎白·白瑞特·勃朗宁

妈妈梦想中的女儿是啦啦队长型的。她要比其他所有人跳得都高，劈叉要劈得笔直，能直接奔入最帅的足球队员的怀抱。

但是，妈妈却生下了我。

作为一个小孩子，我成天摔跤——上楼梯的时候，下楼梯的时候，还会自己把自己绊倒。后来带上了深度眼镜就好多了，但是不得不忍受可乐瓶底一般厚的灰棕色镜片带来的耻辱。我是笨拙的书呆子。

妈妈是高中社团的主席，朋友众多，极受欢迎。读着我写的关于大海、死亡和孤独的诗句，她一定知道了我和她是不同的。但是，她却仍然心存希望，希望我成为她理想的女儿。

九年级的时候，啦啦队长竞选，我站在队尾，排在前面的女孩子们陆续做着前空翻。尽管我被芭蕾课扔了出来，给校女子篮球队丢尽了脸，我还是站在了竞选啦啦队长的队伍里。为了让自己镇静下来，我开始在心里默默背诵《寂静之声》，在那诗句中寻找安慰。

即使是现在，30年后的今天，一旦想到自己笨拙的姿态，永远合不上拍的乐感，总是用手扶眼镜的习惯，我就会羞耻地脸红。即使这样，第二天我还是站在了啦啦队长竞选的队列里，好像妈妈的野心就能让我竞选成功一样。对自己的憎恨在晚餐的时候变得更加强烈了，在原本的庆功晚宴上，我告诉妈妈，我失败了。

尽管妈妈并没有让我感觉到她对我的失望，但是我知道，失望是一定的。不知道怎么搞得，她所欣赏的女儿——风趣、受欢迎、善于鼓舞球队取得胜利——被上帝分到别人家，而把我放在了这个家里。她感受不到我读了所有一百本《少女妙探》之后的骄傲，感受不到我完成了32页自创小说之后的自豪。

"到外面去！"当我坐在家里看书、写作或听音乐的时候，会得到妈妈如此的叱责。"别的孩子都在玩球呢！"我要如何解释足球飞转的速度令我害怕？我厌恶在邻居小孩子面前跑动？厌恶在

不是她理想的女儿

任何人面前跑动？然后，妈妈会做最奇特的事情，她也来到外面，加入了游戏。她骑自行车、踢球和接球的技术都比我知道的任何人在行。我对她的崇拜只能使我的缺陷显得更明显。

我的啦啦队长竞选彻底失败之后，便开始更多地集中精力于自己的强项上。"你怎么能总是坐在家里读书呢？"面对妈妈的质疑和迷惑，我只能耸耸肩。读书、写作和发呆、思考就是我最喜欢的运动。我不是她梦想中的女儿，我是个错位，我把英语掌握得呱呱叫，虽然她更喜欢把数学作为娱乐；我从地下服装市场买衣服，被妈妈说成"怪了吧唧，不如赶快扔掉"；比起住在乡下小镇漂亮的房子里过安定的生活，我选择了住在喧闹的纽约，找了个演员作男友。

"你到底要不要安定下来？"当我退掉了纽约的公寓，准备开始周游欧洲的时候，妈妈问。尽管我已经出版了第一本小说，她还是很担心我到底什么时候才能找到一份稳定的工作。

但这些都不是说我和妈妈相处不来。曾经有一个男人使我心碎，妈妈会为了看看他是不是也像我一样为了分手彻夜未眠，而专门开车过去看看他卧室的灯在深夜是否还亮着。她也爱看《少女妙探》，还允许我大声播放他们的插曲磁带。如果我睡不着，她会起来陪我，午夜，两个人一起去唐恩都乐咖啡馆，喝咖啡吃点心。

可惜的是，我们四口人的家庭是荣辱与共的。虽然妈妈还是想要一个梦想中的女儿，这个女儿要用节日彩带装饰房子，在家里摆上布艺的沙发和椅子。但是，在这个错位女儿身上，她也看到了另一种生活，在这种生活里，不完美是存在的，书本、民俗艺术和樟脑味儿的衣服都是实实在在存在的。

她看到了这些，却不能说明她能理解我或我的选择，也不能说明我能理解她和她的选择。我和丈夫买了一所有两百年历史的房子，妈妈则难以置信地摇着头，她觉得应该是亮闪闪的地板、开放式厨房和推拉式玻璃门。她怎么就摊上一个喜欢旧东西的女儿呢？妈妈喜欢花一整天逛街购物，在附近的赌场玩老虎机；我则喜欢宅在家里编织、阅读，躲开所有的喧嚣。

很久以前，也许就是在那个高中体育馆里，我不再逼自己成为妈妈的另一个女儿，而只做我自己。不确定妈妈是否已经放弃了那个女儿，甚至不知道她是否打算放弃，但是，无论如何，我们却发现了彼此的相像之处。我顽固、坚定、独立，一如妈妈。如果我不是这样，早就按照她的想法继续改造自己了。我会在某个乡下，作为前啦啦队长，过着郁闷的生活，殖民时代的家居风格，衣柜里装满了配套的衣服和鞋子。但是，从她那里遗传来的个性，让我能够不顾她的理想，去实现自己的理想。

有一天，妈妈给我打了个电话。"我做了一个奇怪的梦，"她说，"我梦见自己嫁给了保罗·西蒙[*]。"我简直不敢相信自己的耳朵，多年前我也梦见过自己嫁给了保罗·西蒙。"等等，"我打断

---

[*] 美国民谣摇滚明星。

了她的话,"我做过同样的梦。"妈妈却一点儿也不惊讶。"这就是母女啊。"她说。

她还告诉过我别的。"我很为你骄傲,"她说,"为你的作品,你教育孩子的方式,为你生活的方式骄傲。"她不知道,听到这些话的瞬间我高兴地跳了起来,我让她骄傲!也许,她毕竟还是得到了她理想的女儿。

原　谅

爱丽丝·米勒

> 小篮子，小篮子，
> 手上提着一个黄篮子。
> 我给妈妈寄封信，
> 丢在路上无踪影。
> 无踪影，无踪影。
> 有个小小的女孩子，
> 捡到了我给妈妈的信，
> 把她放到了口袋里。
>
> ——艾拉·菲兹杰拉德

妈妈和我站在栏杆边，脸上铺满了尼加拉大瀑布飞溅而出的水雾。这是我有生以来最糟糕的一天。这一天，就在大学毕业的前一年，我去做了流产手术。孩子的爸爸有可能是那个寒夜温暖酒吧里的调酒师，也可能是那个从球队里逃出来的家伙。问题是，我不确定是谁，而且跟这些男孩子一点儿也不熟悉。几天后，只有我一个人承担令人窒息的后果。这是我人生的最低谷。我的年龄和眼泪已经能够让我认识到自己对这场荒唐的意外怀孕所负有的责任。

这么多年来我藏在黑暗的壁橱里，躲避着某个可怕的凶手，最后，事实证明，这个凶手就是我自己。为了自己的幸福，我谋杀了自己的第一个孩子。

站在护栏前，虽然服用了镇痛药，但是心里却疼痛无比。随着瀑布在身边飞泻，一种崭新的意识开始在心里生根发芽，而原有的则被连根拔除。妈妈是爱我的。无论我曾经对她说过什么难听的话，最黑暗的几个小时里，她始终与我在一起。尽管我声声哀求，她还是带着我从美国的这一头移居到了那一头，尽管她从没给我讲过性与生育，但她还是爱我的。十年之后，我又意识到，当初即使她要给我讲讲性，我也是不会听的。

就在昨晚，走在前往地铁的路上，给她打电话的时候，妈妈还在叮嘱："别和陌生人说话。"而我已经37岁了。小的时候，她更愿意让我在屋里玩儿，生怕有哪个嗜杀成性的变态狂躲在院子大橡树后面。所以，我就待在屋子里，妈妈也就能够放心地打起了呼噜，一本斯蒂芬·金的恐怖小说从她胸前落下，而爸爸手里拿着皮带，满屋子追赶我，大声嚷嚷着："你越躲，就越疼！"

一天下午，我发现妈妈躲在厕所里哭泣，于是我知道他们终于要离婚了。那时我九岁。妈妈第一段婚姻带来的姐姐，出了车祸，得了脑震荡昏迷着。爸爸妈妈去医院看她的时候，吵了起来，这就是离婚的导火索。他们的离婚所有人都已经等得太久了，妈妈说，她从没怀疑过自己有一天会离开爸爸。从某种程度上说，姐姐牺牲了头骨，妈妈得到了救赎。

我都十几岁了，妈妈还是担心我哪一天就夭折了。我吵着要看摇滚乐，她就开车带我去买票，因为上帝不允许我乘坐交通工具，风会突然吹起一堆废铁来砸我，某个手持匕首的陌生人会把我肢解了扔进垃圾箱里。幸免于被肢解的我，15岁的时候，却因此认识了一个英国乐队的主唱，并且体验了人生的第一次性高潮。我在音乐会大厅里的付费电话上告诉她我要和乐队回他们的酒店去，妈妈说："爱丽丝，你确定他们真的是乐队的人吗？"好像我的安全就全靠那一张塑胶的乐队证件了，这个证件就能证明他们是安全的，就像家里交了几代的老朋友似的。（不过话说回来，他们真的是乐队成员。）

至于毒品，妈妈同意我吸他男朋友的，上帝不允许我从外面买，因为里面明显掺杂了士的宁*。"我宁愿你抽吉姆的大麻，也不愿意你向陌生人买，起码他的是安全的。"但是，吉姆不抽摇头丸和可卡因，所以这两种我都从外面买。而且，实际上，妈妈并不知道吉姆是从哪里搞到的大麻。

高中的朋友们告诉我："你妈妈好酷啊。"我却对着妈妈大

---

* 士的宁：兴奋剂的一种。

原　谅　　　　　　　　　　　　　　　　　　　　　　　115

喊：" 我恨你！""滚你妈的！"然后，我问她："你怎么能允许我这么对你说话？"

"亲爱的，如果我的自尊由你决定的话，我早就死很久了。"她说。真是佩服她的忍耐力，无论我说什么也伤不到她。13岁失去童贞的时候，我忙不迭地把这个消息拿去与她分享，等着看她的反应。我记得她说："喔，亲爱的。"然后耸了耸肩，好像我只是没考及格一样，她只有失望，却没有崩溃。

如今，我也成为了一名母亲。我发现把自尊与孩子的言行分开需要很大的勇气，但这不能说明我允许孩子对我或其他人说出那样的话而不受点儿惩罚。

但是，当三岁的儿子出口不逊的时候，我会想起母亲，我不能理解她怎么会觉得和自己无关，哪怕只有一次。我，14岁，滥交，吸毒，多年后还承受着后果。我知道，爱与惩罚是成正比的，虽然嘴上不说，但我可能是唯一一个在内心里渴求被妈妈关禁闭的青少年。

把大麻递给我，还有，麻烦你能不能管管我？

小时候，妈妈是好人，爸爸是恶魔。每次挨了打，我就坐在她的腿上哭泣，一起唱《忧郁的女士》和《春风秋雨》。九年后，她终于意识到恶魔的邪恶，在我们挨打的时候她就把自己藏在黑暗的衣橱里流泪。

她怎么会嫁给一个对自己的孩子实施家庭暴力的男人呢？我告诉自己，因为时代不同。她是犯了个错误，但也尽了力。我告诉自己,那时候自救书籍还没出现在书架上。那个年代,女人可以当老师、秘书、护士或者牙科保健员,可以嫁给犹太医生或律师,但不可以质疑男人。这样想着,我原谅了她,我原谅了爸爸。我告诉自己,爸爸没有从他的父母那里得到爱,这使他痛苦。他那样对待我们,因为他不知道还可以有其他的方式。于是,我原谅了他。他们还能怎样呢?得到什么就给予什么。

有时候,我觉得自己的原谅是对的,有时候,我觉得自己是傻瓜,因为原谅不是无限度的。我可能一整天都是原谅他们的,然后,晚上睡得不好,第二天早上又决定还是不原谅了。

不知道别人是不是同我一样,听说父母要离婚的时候会高兴地跳起来。一个阳光明媚的下午,我走进她的房间,再也不用小心翼翼,发现她正躺在床上流泪。

"怎么了?"是不是爸爸又拿着腰带来过了。

"我想他,"她抽泣着说,眼泪在漂亮的脸上肆意流淌。

"为什么?他是个傻瓜。"我说。这是多么明显的事实,就像我靴子下踩着的脏地毯。妈妈为什么会想念一个蠢货。

但是,她就是想念他。如此地想念,以至于又把自己嫁给了一个更蠢的家伙。父母离婚之后,妈妈找了一个年轻男人,还开着车把我们从缅因州带到了芝加哥。房子前面插着待售的牌子,我抱着她的脚踝恳求她不要搬家,吉姆也不是好人。妈妈拖着我走过厨房,在壁炉里又点燃一支烟,说:"爱丽丝,你越这么说,我越想自己试试他是不是好人。"

原 谅

于是，我们搬到了芝加哥，于是我从一个穿斜纹棉布的乡下姑娘变成了一个长期躁怒，私生活混乱的城里青年，抽着妈妈男友的大麻，在身后留下一串串烟圈。这个新家伙，吉姆，他虽然不会拿着腰带追着我满屋打，但也比爸爸好不到哪儿去。他酗酒，无时无刻。还称自己是披头士乐队的第五个成员，无止境地在我们那架走了音的钢琴上大弹《当我64岁》（这架大钢琴在以前的家里正合适，在这里则根本摆不下）。而且他还取笑我的屁股。

尽管我认为妈妈是疯了，才会喜欢爸爸和吉姆，我还是从她身上学会了这个毛病，自己也开始和蠢货交往。并不需要车祸和陌生杀手来毁了我，我自己就做到了。男人对我越坏，我就越固执。窄小的房间被大钢琴挤得满满的，而我的青年时代则被虐待我的臭男人挤得同样满满的。我像所有青少年一样急于失去自己的童贞，却没有得到快感，完事之后反而觉得松了口气，仿佛完成了一件强制的任务。

所以，流产之后，我走进了心理医生的办公室。我被治愈了一些，还在那里遇见了我深爱的丈夫，妈妈喜欢叫他为我的"监护人"。

那时，我仍然憎恨妈妈。

后来，我有了自己的孩子。

2004年，我的儿子出生了，两年后，女儿也来到了世界上。现在我和妈妈每周都通电话，每次通电话的时候我也不再想把手伸过去掐她脖子了，我甚至还询问她的建议。有一天，我打电话问她曾经都教导过我什么，也许她教育过我一些东西，而我却不记得了。一声叹气之后，她说："要你每天早起去上学，去工作。要你完成家庭作业。要你铺床，你以前自己从不铺床，但是现在铺了。另外，你的家真是漂亮极了。"

"谢谢，妈妈。"

"但是，我觉得榜样的作用对孩子来说是更重要的。"这次，轮到我叹气了。她接着说："我教你嫁给一个'监护人'，以我自己为反面教材。"然后她大笑起来，我也跟着笑了。

她教我嫁个监护人，还取笑我。作为两个幼龄儿童的全职妈妈，我要是不笑，那就一定像她当年那样躲在衣柜里哭了。

妈妈跟我说的最多的话还是我浪费了太多宝贵的时间和精力在孩子们身上，我在身心两方面都太沉浸于孩子了。我为他们提供了安全、有爱的成长环境，还有个顾家、爱我的好老公。事情总会顺顺利利的，其实，已经是万事如意了。

过去由于她不关心我而产生了恨意，现在却反过来了，在她身上我开始寻求作为一个妈妈怎么样才能不那么担心。比如，我儿子早中晚三餐都吃麦片，只要不每天都这么吃就没什么大不了的。

也许听起来有点儿讽刺，她居然还提醒我要注意经营婚姻，偶尔不想和丈夫做爱是正常的，但是两个人手拉手必须经常温习。她知道自己在男人问题上很糟糕，却也知道什么是对的。我觉得她说得没错。

如今，我的女儿已经十个月大了，明显离不开我。我还是从她那偶尔叛逆的小眼神和嘹亮的吼声里发现了女性的力量，她哥哥的哭声相比之下就显得敷衍了事多了。我看进女儿那一双大大的棕色美瞳里，母亲怎么受得了当年我那恨意十足的瞪视。她说她愿意承受我的怒气，为嫁给了一个如此虐待我的爸爸而自责不已。我承受得已经够多了，所以她愿意做我的出气筒。那么，如果我的女儿像我一样，我像妈妈一样，我能承受得了孩子们对我如此的大不敬吗？但是，我的好丈夫向我保证，我绝不会变成我的妈妈（或我爸爸）。他还说他从没恨过自己的母亲，哪怕在14岁的时候也一样。失眠的时候，我就用他的话安慰自己，毕竟我们的孩子遗传了他的基因。

就男女关系方面，我确实特别想把多年来总结的经验和教训传递给女儿，有些事还是特别值得担忧的。我想我毕竟做不到妈妈那种放任程度。

我想教给女儿，她是值得他人花时间陪伴的，无论是两个人坐在客厅里聊天还是出门旅行，渴望他人的关注和呵护是正常的。我想教给她，自尊比任何朋友和男人都重要。拒绝一个蠢男人，自尊能帮她度过孤独。我希望她对自己的行为，同时也为自己的幸福负责，不要把做决定的权利交给别人。但是，我还希望告诉她，当自己搞砸了的时候，要学会原谅自己。到那时，我也必须学会原谅我自己，因为我一定会认为女儿犯错是因为我这个妈妈。我希望她能抵抗住内心的欲望魔鬼，但有时候当生活太压抑，些许的释放也是需要的，但愿她永远不用躲在衣柜里哭泣。

　　妈妈没有教过我的，基本就是我打算教给女儿的，我希望、我祈祷自己能够成为她的好榜样。当然，作为两个孩子的妈妈，有时候要成为完美的楷模几乎不可能，给他们展示的通常都是我油油的头发和筋疲力尽的疲态。但是，我的好丈夫和我在一起已经 16 年了，我感觉安全，被爱着，而且自在、自我。

　　另外，他喜欢我的屁股。

文尼和英吉，玛格利特和我

阿温·海利德

"文尼，人们怎么才能知道我长大了？"
"好问题，在下一页你将找到一张'我来月经了'的明信片，寄出去。"
——《文尼巨型过山车月经周期表和日记本》

随着日期的临近，为了庆祝女儿月经初潮，我给她办的红色主题女人派对越来越成型了。最好再系上一些气球。青春期正在以极高的速度向我们猛冲而来，越来越情绪化的脾气，越来越凹凸有致的身体……是不是过去五年里她一直服用抗癫痫药物的原因，是不是学校里喝的低价牛奶里含有激素，我不知道。有一阵子，我还感到很安慰，以为她会按照我当年的时间表慢慢成长。我在她这个年纪，还是个什么都不知道的矮冬瓜，焦虑地偷偷翻看《上帝啊，你在吗？是我，玛格利特》，这是五年级的班里秘密传阅的禁书，不知道怎么就传到了我这儿。事实上，也可能是六年级，但是永远忘不了当时让人愤怒、痛苦的羞辱感，我，总有一天也要面对血红的、两腿之间一团糟的状况，像所有女孩儿一样，迟早的事。

不是害怕长大。梦想中的成人世界是男孩子，是止汗剂，是性。我见过隔壁的姐姐填写月经周期卡。我爱我的娃娃屋和泰迪熊，但也知道有一天会为了更好的东西抛弃它们。如果能够永远瞒着妈妈，对于来月经我也没什么意见。玛格利特世界里的妈妈们绝没有我妈妈保守。她们跟得上女儿成长的脚步，回答她们的问题，提供相关方面的书籍和小册子，当然还有全球享誉的电视节目《柔弱的少男少女》。从供应者的角度，我承认需要母亲的钱包和车子，但是跟她谈论月经这个话题之前，我都已经用卫生纸和树叶做出自己的卫生巾了。和妈妈一起看电视的时候，只要中间插播卫生巾广告，我都会偷偷溜走。而且，有意思的是，我也从来没有碰见过她使用卫生巾。所有证据显示，妈妈也不愿意和我谈论这个问题。如果妈妈哪天突然决定像《上帝啊，你在吗？是我，玛格利特》那样做妈妈，我的世界将会变成怎样的，一想到这点，我就有点儿想吐。还好，她从没有突然闯进浴室里的习惯，不然就会发现她唯一的女儿穿着带血的内裤困在马桶上。

我知道的所有关于月经的事儿，都是从杂志上朱迪·布鲁姆的一篇文章中看到的，从朋友们聊天中听来的。听到朋友们公开谈论月经真是让人震惊极了，主要是我跟这些人还不是特熟！苏珊是我的同学没错,但我们不是好朋友。她妈妈只是顺路搭我一下,把我放下之后,苏珊和她妈妈、妹妹要去商场逛街。苏珊和妹妹谈论着月经,就好像她们的妈妈不在车上。沃尔夫太太连眼睛也没眨一下。随后她还参与进谈话来了,还特别强调我和苏珊要记住,即使月经来了,也有可能受孕。"真的?"苏珊问,大大地睁着眼睛,脸上一点儿红晕也没有。我感觉奇怪,震惊极了,信息超载。然后就到我们家了,我下了车。

可以说,我的成长什么都不缺。妈妈做得一手好饭,帮我洗所有的衣服,开车送我去所有的地方,各种课程,各种排练,各种社交活动。现在看来,我应该用洗衣服或搭车换一盒子卫生巾,在 14 岁夏令营时放在床下的盒子里。

我害怕陆续出现在朋友们枕头上的关于月经的小册子也会出现在我枕头上,但是妈妈一定在门上做了记号,小册子仙女把我们家错过了。没有小册子,就意味着没有开诚布公的谈话,我肯定不会主动找她去谈谈。在当时来说,确实让人松口气,仿佛成功逃开了什么。我太青涩了,根本没有意识到妈妈对此事的窘困更甚于我。

到了玛格利特那个年龄,基本上,我能自己琢磨出卫生巾来。我的意思是,如果你认真观察就会发现卫生巾也不过是好几层棉纸裹在一起罢了。我还听说有的国家的女人用苔藓做卫生巾,听起来也挺舒服的。

几年前,我购买了一本《文尼巨型过山车月经周期表和日记本》，不是给我的，是给女儿英吉的。她当年才六岁半，我不想让这本充满温情的书在她子宫开始每个月一次正常工作以前出现在她眼前。书里介绍了身体变化的各个阶段，还解释了孩子是怎么生出来的，当然是用比喻的方式，老少皆宜。在即将举办的红色派对上（已经买好了派对上要穿的衣服了），我打算把这本书作为礼物送给她。在那之前，我仔细地把它藏好，小孩子有一段时间特别黏人，而且对藏起来的东西特别敏感。想象着女儿的床头贴着一个个卡通文尼——这个把一生都奉献给了月经女人的男人，我就感到很高兴。我要把这些小人儿藏好，直到有一天它们被派上真正的用场，被贴在文尼设计的巨型卡通过山车上，标示出一年里每一次月经的周期。你不知道我有多么喜欢这本书。随书还附带一个红色的用来放卫生巾的盒子，上面还有标签，可以用来写上主人的名字。另外还有治疗痛经的处方和明信片。能够为女儿提供一种积极健康的观念，让她爱护自己的身体，而不是把这项人体本身的功能视为羞耻，让我非常欣慰。这本书不是给我的礼物，却又是给我的最好的礼物。

买到了这本书，我便开始幻想，如果还没来得及把它送给女儿我就意外身亡了，比如坠机或车祸，那该怎么办？于是我给了丈夫一个明确的指示，如果我发生了意外，他在哪里可以找到这本书。为了安全起见，我还告诉了最好的朋友，西恩，但是他到时候会不会太悲伤导致脑子一片空白？是不是应该再告诉给几个朋友？这本书在金属柜子上那个木柜子的顶上，紧贴着天花板，在税单盒子和家庭录像盒子中间。还有很多相同题材的书籍，比如《做爱时流血怎么办》、安弗兰克的《流血日记》和《情绪的逻辑》等等。其实，正是这些书让我想起了要举办一个多年龄段，以红色为主题的月经初潮派对，我在克林顿还是总统的时候就开始筹办了。

我还有不到一个星期就 43 岁了，子宫里还有多少卵子呢？很有可能英吉的月经还没来，我就已经绝经了，我很不喜欢绝经这个词，虽然这意味着不用实施避孕措施，每个月也不用崩溃一次了。

我想，可不可以把最后一次月经派对和第一次月经派对放在一起举办，希望看起来不是在圣诞节上摆放棺材的效果。

派对女神艾米丽·颇斯特帮不了我的忙，我不想接收一个现成的派对，我要亲自举办一个派对。多么希望在我的成长过程中有颠覆信仰的自封为卫生巾之王的文尼陪伴，多么希望藏在我的床和墙角之间的书不是《上帝啊，你在吗？是我，玛格利特》。如果人生可以重来，我不会遮遮掩掩，不会拘谨压抑，我要更像英吉。不仅因为她热情、有爱、聪明、美丽，不仅因为她有光亮的及腰长发，更因为她天生的对传统女性拘谨严肃的反感。

但这些都不能说明英吉愿意让男孩子们来参加这个派对，文尼你不要介意，但是相信妈妈的直觉吧。甜蜜风趣的女儿让我原意拆掉一些壁垒，她让我意识到筑起高墙有时候代价是多么昂贵。

我希望不远的将来，英吉可以考虑制作一种可以放在钱包里的月经宣传卡，用来发给女孩子们的朋友和家人，鼓励大家支持和帮助成长中的女孩。如果真是这样，我会把它好好收藏起来，放在钱包里她的照片和驾照中间，我会每天都带着它，我会怀着骄傲带着它。

浴缸里的启示

凯瑟琳·克劳福德

> 看在上帝的份上,妈妈,我在浴缸里呢。
> 马上就好了,妈妈,看在上帝的份上。
> 把浴帘拉上。
> ——《弗兰尼和佐伊》J. D. 塞林格

我的左脚上有个小小的伤疤。直到最近才发现,这个一英寸的小伤疤是怎么到了我的脚上的呢,然后我想到了弟弟迪米,还有父亲的愤怒。

事情是这样的。当时我还什么都不知道,和姐姐玛姬,还有小弟弟比利在浴室里尽情的洗啊,跳啊,唱啊。突然我的脚滑了一下,踩到了什么尖利的东西。脚下的清水立刻变红了。

20世纪70年代加利福尼亚经历了一场著名的旱灾,夏季的夜晚,我们洗澡都只能用木桶装水往身上浇。当天下午,迪米在后院儿玩棒球来着,不小心把浴室的玻璃打破了。可怜的迪米这下惹上大麻烦了,不仅因为他打破了玻璃,还因为他没有把玻璃碎片清理干净。迪米当时跟我们一样还非常小,投球的本事糟透了。对于一个 12 岁的乡下小孩儿,无论是投球还是清扫都不是件容易的事儿。

我有两个女儿,童年的记忆往往会一件一件在头脑里重放。比如早上穿袜子的时候,我就想起妈妈和她的两个女儿,还有小儿子比利在浴室里的样子。她不经常与我们一起洗澡,但在某些温暖的夏季夜晚也有例外。和我们一起玩水,唱歌,看着我们一脚踩进留着浇花的水桶里的时候,她快乐吗?还是不想把自己弄脏才站在一边不干涉我们?还是两者都有?

近来,要是能泡个长长的热水澡,我甚至愿意卖掉自己的肾。我没法说服九个月大的达芙妮去找她爸爸,或者到一边儿啃玩具去,也不太容易把三岁的欧娜关在浴室门外。她真是个"好帮手",坚持要帮我洗头发,还恳求我,如果水进到眼睛里了可千万别哭。水没法不进到我的眼睛里,因为这个小不点儿拿着湿透的毛巾一个劲儿在我脸上擦啊擦。永远不能放松下来,而且要不断收拾一塌糊涂的浴室,但是迅速地冲个淋浴还是可以的。

我来自一个有 13 个孩子的家庭,九个男孩儿,四个女孩儿。出于需要,爸爸像个独裁者,一个内心里是爱尔兰基督徒的墨索里尼*。尽管他在家里尽量装得不讲人情,但是却控制不了妈妈对

---

* 二战时期,意大利法西斯党魁,大独裁者。

女儿们外化的爱。"我爱所有的孩子们,但是感谢上帝赐予我女儿。"这样的话,我们至少一周听到一次。这样的话听多了,我都开始同情兄弟们了。但是当他们把我按在地上,让狗狗流口水在我脸上的时候,我的同情就瞬间消失了。

总体来说,爸爸是个好爸爸。我们都感觉到被爱着,但是从没想过要表达自己的爱。

另外,作为女孩子还有一个好处,就是能跟妈妈一起进到她的浴室里。每天醒着的16个小时,妈妈用15.25小时努力干活,但是,几乎每天晚上,晚饭过后,她会心安理得地泡上45分钟的澡。每天晚上,晚饭后,玛姬和我(姐姐帕茨和蒂娜已经长大成人离开家了)就会围在她的浴缸旁。我们进不了浴缸,但是会坐在浴室的地上聊天儿。如果话题开始转向了比较危险的地方,比如我撒过的一个谎("不,妈妈,我觉得从房顶上跳下来挺有意思的。""不是我干的。斯伯里太太说过她亲眼看到了吗?""电话响了,我去接一下"),或者,我自己说漏了嘴,我就从浴室跑出去——妈妈泡在浴缸里,没法来追我。但是,我不经常跑开,因为我们都珍惜每天的这一点点时光。

老实说,我是个淘气的孩子("这个老是给我找麻烦。"也是妈妈的口头语),但是妈妈泡澡的时候,我通常都很乖,本能地知道这段时间是特别的。与自己能写能画那么一点点的能力相比,我更加自信自己能丝毫不差地描述妈妈在1976到1984年间身体的模样。

现在，在我泡澡的时候，欧娜也禁不住要和我一起泡。虽然她再三声称更喜欢温水浴，最后还是和我一起泡进了热水里。有时候会有些小反复也是正常的。"你妈妈对冷水害怕得要命。""妈咪，什么叫害怕得要命。"好吧，不管怎样，我们最终还是泡进了热水里。欧娜还很小，还不能控制自己的情绪，但是看得出来，她很珍惜我们在一起泡澡的时间。就像我小时候一样，浴缸里我总是乖乖的，也没地方躲啊。妈妈会帮我擦澡，我现在知道了，只要她爱我，哪怕只爱一点点，我的小胳膊，小胸脯，小肚子，小膝盖会永远萦绕在她的记忆中，挥之不去。

如今，头脑中仿佛还能看到妈妈躺在浴缸里，一条浴巾枕在头下面，一条浴巾盖在下身处。她原意与我们分享一切，除了赤裸相待。她闭着眼睛大笑，我很愿意认为她是被我的笑话逗笑的。现在，她经历过的我也经历过了，从她的角度来看，这种浴缸里的笑可能只是一种歇斯底里的发泄行为。

我们在"大浴室"，但是与八个兄弟姐妹共用的另外一间浴室比起来，还是小多了，"大"在这里只是指爸爸妈妈用的浴室而已，与面积大小无关。但是，也挺大的了，加利福尼亚式的大，比我现在在布鲁克林家里的浴室大四分之一。门上传来大大的敲击声，"多萝茜，洗快点儿，水都快凉了。"父母为了抚养13个孩子付出了太多的牺牲，但是用孩子们用过的洗澡水好像就有点儿太过了，我得问问玛姬是不是我记错了。我没记错。没准儿是为了在旱季省水，没准是为了减轻热水器的压力，也没准儿纯粹是为了省

浴缸里的启示　　　　　　　　　　　　　　　　　　　131

钱。钱总是很紧。(有一次因为没钱请人打扫烟囱,我们的大哥把玛姬放在一块木板上,吊着她到烟囱里打扫。"爸妈为此给了我一美元。"玛姬后来对我说。)

第二个孩子达芙妮降生以来,我发现忽视了欧娜很多成长过程中的小里程碑。不久以前,有一次欧娜给我读《哈罗德梦游仙境》,我禁不住红了眼眶,赶紧背着她擦掉了眼泪。我都没有注意到她开始读书了。于是我开始在给欧娜擦澡的同时,盘问她在幼儿园里一天的生活。还记得妈妈把海绵放在肚子上支撑着我的单词书,拷问我单词的拼法。好吧,如果也算上单词测验,听我们的读书报告和检查数学作业的话,妈妈真的每天工作16小时。

如果情况允许,妈妈恰巧一个人泡澡的时候,她通常会读书。当她从浴缸里出来,玛姬和我已经在她床上等了,毕竟这是家里唯一一张有电热毯的床,而且床单闻起来好香。我永远忘不了她看完《上帝啊,你在吗? 是我,玛格利特》以后从水里出来的样子(她居然泡一次澡就把这本书全看完了)。一周前,妈妈在一家书店里发现了这本书。上帝啊! 书里是个名叫玛格利特的11岁小姑娘。她自己的玛格利特也正好11岁。太棒了! 玛姬把书抢了过去,保证下一个就让我看。玛姬爱死这本书了,所以妈妈也打算看一眼。那晚,刚从浴缸里出来,妈妈穿着厚厚的棉睡衣,面膜还贴在脸上,但是整体感觉跟平时特别不一样。她还没彻底反应过来,通过这本书,她已经把性介绍给了她的玛格利特。在我们家里,这起码得十年以后才可能发生。

然后，她开始了不得不谈的对话。根据玛姬的回忆，谈话内容比这件事的起因更有意思。"性给人的感觉，怎么说呢，你可以想象把一个特别大的东西塞进身体里，并没有多舒服。"我确定，妈妈这么说是有目的的，为了让玛姬尽可能久的保留童贞。这件事过去没多久，我就在图书馆里借到了这本书。

上一次我去俄勒冈的波特兰探望父母，我大一的时候她们就退休住在那里了。我悲伤地发现，母亲的浴室已经不再对我敞开了。膝盖不好，浴缸太深，妈妈时间管理的改变（房子里再没有孩子跑来跑去了，她更愿意把时间花在 eBay 网上），让她更倾向于淋浴。已经很久没见过不穿衣服的妈妈了，我所熟知她的身体，绝不是七旬老人。这就是妈妈给我的感觉，她对自己身体的态度，还是现在"女人对女人"的关系让她更保守？仔细思考这些问题，我发现即使是对自己的妈妈，也有身体意象问题。

即使作为一个孩子，我也能觉察出来父母的生活规律跟其他我认识的人都不一样。我们每周吃一次炖煮的菜，绝不吃代糖类食物，遇到特殊事件的时候才吃培根和鸡蛋的早餐。十岁的时候，我曾经问妈妈自己可不可以减肥，得到的答案是"为了什么呢？"而且当晚她还给我们做了一顿大餐。爸爸妈妈很苗条，但是不骨感。他们晚餐的时候吃竹笋，吃完饭又吃冰淇淋。

如今我 35 岁，对 35 岁时的妈妈的记忆不时涌现。记得那时候，每年夏天我们都去洛杉矶旅游，探望妈妈唯一的兄弟，杰瑞叔叔。（顺便说一下，他家可以说是美国主体文化的圣地，也就是说充满了可乐、游泳池、大杯爆米花和药品,而对这些我爸爸都嗤之以鼻。)那一次我们为了今年的夏天之行到商场去买游泳衣,这也是我唯一能看到妈妈照镜子的机会(平时除非出席重要场合或去教堂,她才会"偷"十分钟打扮一下)。她会一遍一遍问我们,她的屁股是不是太大了,腿上的条纹是不是能看出来。玛姬和我对她的身体看习惯了,所以从来看不出毛病。"看起来棒极了!"我们总是这么回答。

欧娜刚会走路那天就会照镜子了,回头看看自己的背影,再转个角度看看另一边。一个11个月的小孩儿是不可能关心自己的纸尿裤是不是好看的,所以,对于欧娜对自己形象的认真审视,我只能责怪我自己(当然还有我丈夫,真是太感谢你了)。大人们的这些习惯是多么容易灌输给小孩子啊,一想到这一点,我就不寒而栗。我很害怕,过不了多久,在对自己的审视中,她就会加入自我厌恶了,这给我敲响了警钟。

目前,欧娜是那么无条件彻底地爱我,在她面前,我基本没有什么自我意识。但是,我确实思索过,将来长大一些的她将如何看待周围的一切。当她能够接受自己身体的不完美的时候,她会想到我吗?在我的下腹部,比基尼线以下的地方有几个剖腹产留下的伤疤。生第二个孩子的时候,缝合线开裂了,而且发展成了感染,所以在肚子左边一点的地方留下了一道特别醒目的大伤疤。欧娜常常点着我的"肚肚",看着医生每天来给它更换纱布(后来伤口裂得很大,还好护士并没有在欧娜面前提起过,现在想起来我还在后怕)。直到现在,我还不愿意丈夫看到这道疤,但是我却允许欧娜仔细地观察它。她甚至还用胖胖的小手指摩挲伤疤隆起的表面,问我还疼吗。她没问过这道疤是怎么来的,但是我最好提前想好怎么回答,说不定哪一天她就会问起了。我很矛盾,该怎么回答,因为这道疤涉及生孩子,该怎么跟一个早熟的小姑娘解释呢?

妈妈在洗澡上的不避讳,也许就是一种让我们熟知女性身体变化的方法。就像前文所说,我们的家庭很庞大,笃信基督教,换句话说,我们每天都在回避很多问题。我们从不公开谈论内心的需要、情感,当然还有性。我还记得斯坦利·库布里克的电影《闪灵》在电视上放映的时候,裸女的那个场景孩子们是禁止观看的,我们被赶出了房间。但是血迹斑斑的走廊和七岁小女孩儿的幽灵却没问题,只有裸体是禁忌。

虽然我们从不谈论,但是洗澡的时候,妈妈的身体就是很好的展示,让我们知道了自己长大以后的样子。如今,每当沐浴的时候,把欧娜关在门外已经开始让我感到很不安了,而且三岁的小姑娘不断的在外面拍门也打碎了浴缸里所有的白日梦。但是不久之后,当她懂事了,我将会把浴室的门为她敞开。

这才是最重要的

艾伦·苏斯曼

> 我的记忆中,你的歌声仿佛纯酿。
> 你没能实现的,在我的生活里已成为现实。
> ——《妈妈的身体》玛姬·皮尔斯

"你不用非得说依地语[*],你是个美国人。"妈妈对我说,然后她转向舅舅,飞快地用依地语说起话来,舅舅爆发出一阵大笑。爸爸摇了摇头,用依地语嚷嚷了几句,于是一桌子的人开始争吵起来。

我坐在餐桌旁,桌子上堆满了盘子,坐在这些闹腾的亲戚中间,偶尔捕捉到一两个词,却全部听不懂。

每周日,妈妈这边的亲戚都会开车从布朗克斯[**]到我们在特伦顿[***]的家,带来一车从塞尔玛大妈超市里买来的食物(塞尔玛大

---

[*] 犹太人说的国际语。
[**] 纽约的五个市区之一。
[***] 美国新泽西州的首府。

妈曾经当过《我该说什么》*里面的神秘嘉宾)。大家围坐在小厨房里的小餐桌周围,边吃边聊。桌子上摆着薄煎饼、熏鲟鱼、贝果面包、黑鲑鱼、鲱鱼和白鱼沙拉。这些亲戚都说依地语,用祖国的语言讲述家乡的故事,我猜他们中的大多数能说口音浓重、语法标准的英语。我一边吃,一边听,渴望着能听懂。但是妈妈会时不时地提醒我:"你是美国人,不用学依地语。"

妈妈是美国人,生在美国长在美国。就在她出生前几个月,她的爸爸妈妈带着她的五个兄弟姐妹从俄罗斯来到美国。(我从没听过这段迁徙故事,就像他们的语言一样,这些故事与我无关。妈妈说:"都过去了,已经结束了。"我知道他们来美国是为了逃离基辅大屠杀,有一次,罗斯姨妈刚要说她在那场屠杀中的亲身经历就被妈妈打断了。"罗斯,都过去了,现在我们在这儿。")当他们刚刚来到纽约的时候,住在布朗克斯的犹太人聚居地。妈妈直到五岁上小学的时候才开始学习英语。在她住的移民社区里,根本没必要学英语,所有的店主都来自一个国家,房东是世交朋友,同龄的孩子也只说父母的语言。

我为什么就不能说父母的语言呢?也许,妈妈要我过不一样的生活。要我得到她没有得到的一切。父母经历的是老套的外来人发家致富的故事,他们俩谁也没念过大学,因为没有那个闲钱。爸爸曾经骄傲地说,他念的是苦难学院。他成功地经营着一

---

* 美国20世纪50年代一档猜神秘嘉宾职业的电视节目。

家公共汽车公司，成长中，记得那辆崭新的天蓝色凯迪拉克来到我家的日子，随后，妈妈买了一件貂皮大衣。后来爸爸宣布，我们加入了犹太人乡村俱乐部。

在我的家里找不到书，也不记得父母曾经读过书。妈妈不喜欢太安静，电视总是开着。全家出游的时候，我们会去费城，从来没去过博物馆，没听过交响乐。我们每年乘公交车或火车去纽约看一次百老汇演出，还是音乐剧。长途旅游去过卡茨基山区，还有迈阿密。我记得有一年我们终于坐着飞机去佛罗里达，再也不用开上三天的车长途跋涉。

12岁以前，我只认识犹太朋友。在那个年月，特伦顿的犹太人喜欢聚居在几个简朴的社区里，我们住的地方叫希尔顿尼亚。社区里有好多孩子，大家基本同龄，一起步行或拼车上星期天学校或希伯来学校。周末，我们一起游戏，在凯德沃德公园打棒球、篮球、橄榄球、滑雪橇。但是1968年特伦顿发生了民族暴乱，我的朋友们大多离开了被损毁的公共学校。我的兄弟和我也离开了那里，来到了普林斯顿走读学校，首次踏入了一个陌生的世界。

还记得第一次到一个同学家吃晚饭。她爸爸是纽约有名的出版商人。他们在专门的房间吃饭，而不是厨房。他们摇铃，然后仆人端上饭菜，撤下空盘子。更让我惊奇的是，他们在吃烤羊腿和炖土豆的时候谈论的是书籍、政治和世界大事。晚些时候，我溜进他们家的图书室，盯着整墙的书架，成片的图书，第一次对自己的父母感到气愤，如此不公，如此残忍。

我发誓要过有文化修养的生活，有深度的生活。而且为我的女儿创造一个充满书籍、博物馆和旅行的世界。同时，在创造这种生活的过程中，我也在思考，有什么是妈妈从没给我的，而我要给孩子们的？有什么是妈妈已经给过我，我却没有给予她们的？

"他们说什么语言，妈咪？"通常家里有客人来访之前，女儿都会这么问我。我现在已经结婚了，丈夫是个国际商人，我们和一岁的女儿住在巴黎。五个月后，第二个女儿也降生于法国的医院。五年了，我们从小就教她们双语，引导她们感受多元文化，周末参观博物馆，请来自世界各地的朋友们到家里用餐。我的女儿们绝对不是地道的美国人，她们是世界人。

她们通常把上午的时间都消磨在蓬皮杜中心*的儿童艺术室里，在法国上学，她们的小伙伴来自爱尔兰、伊朗、德国和肯尼亚。她们已经学会了选择自己最喜欢的奶酪，为卢森堡公园剧院里上演的木偶戏欢欣鼓舞。

回到美国后，我们选择在北加利福尼亚定居，那里没有犹太社区，即使最地道的加州女孩儿也是"亚洲、印度、中东和欧洲"混血。女儿们在帕洛阿尔托大学城的一所法国学校读书，六年级就开始学习西班牙语。我的小女儿，19岁的时候已经可以流利使

---

* 法国著名的文化中心。

用三种语言。

家里到处是书。我的第二个丈夫在家里建造了好几面墙的书架。即使这样，书还是到处蔓延，在长凳上、角桌上乃至卧室床边的地上堆成小山。夜晚，我们坐在炉火边读书。家里有台小电视放在客房里，卧室和客厅是没有电视的。

我们和女孩儿们去过哥斯达黎加、墨西哥、法国和意大利。她们和爸爸去过澳大利亚、瑞士和英国，从滑雪坡到私人海滩再到乡下大牧场。

从最初的犹太小村庄到如今的生活，太过漫长。我希望女儿成为全世界的居民，她们有那么多优势和天赋，但是，与此同时，我也希望她们有深厚的归属感，知道自己来自何方。字面上说，她们来自巴黎四个卧室的公寓，但是追溯起来，就像妈妈说的，我们都是俄罗斯农民的后代。我希望她们对世界的理解能够走出巴黎精致的蒙梭公园。但是，如果连我对叔叔、婶婶、外公外婆都不了解，我的女儿们怎么能知道她们的故事呢？我要怎样才能让她们扎根于家族历史呢？

小女儿在巴黎出生的时候，我和丈夫给她取名为苏菲，典型的法国名字，19年前的那个时候，美国的教室里叫苏菲的还没有那么多。我把这个名字告诉妈妈，她抱怨："你怎么给孩子起了一个犹太老太太的名字？"因为我们喜欢这个名字，我对她说。这是个崭新而又久远的名字，很有法国味，但是也充满了故国的味道。我的妈妈几年后去世了，太年轻也太突然了。就在她去世前的一个星期，她还对我说她是多么爱她的依地女孩儿，苏菲。

苏菲上的加利福尼亚学校以过半的全额奖学金授予率而骄傲。苏菲的很多同学都住在东帕洛阿尔托，虽然只需要穿过101号高速公路，但仿佛是另一个世界。有那么一两年，我请求苏菲邀请同学到家里来吃晚饭或过夜。她经常去同学那里，我希望礼尚往来。终于，几年以后，她同意带几个女孩子来家里。"我很尴尬，"她说，"咱们的房子太豪华了，会让她们不舒服的。"

这与我的童年记忆正好相反。我羞于邀请普林斯顿的同学到家里来，因为我们的家太小了，那么肤浅，典型的中产阶级。女儿却因为比同学拥有太多而羞愧。"游戏之夜那晚请她们过来吧。"我说。这是我们家的一个传统，我们共享晚餐，然后玩棋盘游戏。女儿超爱游戏之夜，现在成了固定带朋友们来家里的时间。桌子上的欢声笑语与车库里的汽车，与大理石的厨房桌台机关。

去年夏天，苏菲随美国公谊服务委员会去了墨西哥，和最穷困的农民一起工作。为了卫生的饮食，他们自己搭建壁炉，为了维持生活，他们自己修建菜园子。所有人都一起工作，共用工具，分享技能，工作太累的时候轮班休息。一天结束以后，当地农家会邀请这些孩子们到他们只有一间屋子的家里共同庆祝工作成果，吃鸡胗、玉米饼和米饭。苏菲回到家后曾问我，在美国的人们已经拥有那么多了，为什么还觉得不满足呢？

曾有一段时间，我不知道该怎么向她解释美国梦。我就是这个梦，穷困的移民孩子拥有父母想都不敢想的大好机会。我为女儿们骄傲，因为她们不认为自己的幸福是理所当然的。她们知道101高速路那边的世界是不同的，她们希望其他孩子同样拥有实现美国梦的机会。

也许，她们这一代的最大贡献就在于改变美国梦的内容，让它变得高于物质财富，使它囊括同等享受教育、健康和快乐的权利。犹记特伦顿家里的晨间聚餐，虽然听不懂亲戚们的谈话，但是我的基因代码就根植于那里。我如今看得明白，这才是最重要的，不是厨房的大小，不是书架上书籍的数量，不是所用的语言，而是桌子周围的欢声笑语。

别人的妈妈

卡特里娜·昂斯戴德

> 新鲜事物代表着真理,
> 我永远在你身边,别人也会走进你的生命。
> 我将永远是你背靠的大树。
> ——《小姑娘,我的小豌豆,我的可爱女人》安娜·赛克斯顿

我不是女儿认识的唯一母亲。人生路上,别人的妈妈将会与她邂逅,改变她、影响她,让她明白,她的妈妈毕竟也不错,或者让她发现我令她错过了一些重要的事,不可原谅。也许,她会恨我,为什么不能像别的妈妈一样;也许,某个下午,她会跑过来紧紧抱着我,因为她见识了别人妈妈的可怕行为。

这些别人的妈妈令我的缺点格外显著。虽然女儿才两岁,别人的妈妈就已经开始造成影响了。她们有 1 200 美元的婴儿车,她们有做瑜伽的完美身材;而我,有点烦躁和疲惫,还总是在工作。

我看着她，在客厅里光溜溜地向我跑来，倒在我的怀里，咯咯大笑。我们最安全的归宿，就是彼此的怀抱。我思索着从这些已经见过的"别人的妈妈"身上学到了什么，我想象着即将到来的新的"别人的妈妈"。同时，我也想象着女儿的认知和她的世界。

她很可能会遇到坏妈妈。

1978年，在我成长的温哥华，我见到过一个妈妈，她体型巨大，像个雪人，穿着一件黄色的家居服。我问朋友安娜，为什么她的妈妈在下午四点就穿上了睡衣，安娜低着头低声地说，那是家居服。K太太穿着家居服，因为她不工作，不像我妈妈那样。"一个小姑娘放学回到家，家里却一个人也没有，挺难受吧？"她说的每句话都是问句，"当个钥匙儿童不好受吧，对吗？"我忙着吃曲奇饼（曲奇饼耶！我们家从来没有），没空问钥匙儿童是什么意思。

安娜是个大个子，手腕上长满了雀斑，她有个小妹妹，一天到晚地跟在妈妈脚边。安娜得到的爱很有限，她们家什么东西都是有限的：只能吃两块曲奇，只能看半个小时电视。我记得很清楚，一说到她的小妹妹，K太太的声音就变得格外甜腻尖锐："我的甜心，我的宝贝！"我和安娜看电视的时候，她妈妈会在她屁股上很响地拍上一巴掌："你怎么不出去？上帝知道你能走也能跑，不是吗？"

很多年了，同样的事情不断重复，那时我们大概七八岁的样子。这就是别人家的习惯，是安娜妈妈的方式，至今我还清晰地记得这种方式以多么丑陋的样子展现在我面前。那个时候我特别喜欢穿一件长款衬衫，是我兄弟的，上面印着牛仔和仙人掌，这是我生命中第一次最爱的时尚款式。

我和安娜坐在她卧室的地上，脚边堆着彩虹彩贴，然后她妈妈进来了，后边跟着小女儿，斜着眼睛看我们。安娜始终没有抬头。"你特别喜欢这件衬衫吧？"K太太说，"所以才会天天穿着，都不离身，是吧？""你妈妈工作忙了都没时间洗衣服吗？"

我感到脸唰地一下红了，好一通挖苦。这个女人错了，不是没有人给我洗衣服，不是没有人爱我，起码我不这么认为。她不了解我，也不了解我妈妈。我知道，虽然下午四点没有曲奇饼吃，但是有星期天的晚餐，有约克郡布丁和歌剧。晚饭后，喝了红酒的爸爸妈妈会一起高谈政治，客厅里传来报纸的哗啦声，我们还一起看重播的《我爱露西》。甚至连弟弟也会加入我们，脚上还沾满了足球场上的湿泥。我们坐在铺着紫色灯芯绒垫子的地板上，烟灰缸高高地摆在头顶的咖啡桌上，屋子里充满了爱。

我站起身来，不管地上的彩贴，也不管羞愧难堪的安娜，穿上外套离开了，一次也没有回头。星期天，整个社区格外安静，走在平整嫩绿的草坪上，我想着妈妈躺在床上，盖着马海毛的毯子，鼻子上架着眼镜，看到我回来了，她会掀开被子邀请我躺在她怀里，隔开所有冷冰冰的责难。

我的女儿还会碰到很多外国妈妈，发现有些地区的孩子必须特别孝顺，有些地区的孩子很早就离开了家。

亨利是五年级学生里最可爱的男生。我记得他小麦色的皮肤，小小的身体穿着斑纹橄榄球衫在球场上冲刺的样子。他鼻子上有一片雀斑。我注视着他，仿佛农夫在欣赏自己最中意的骏马，但是骏马对此毫无察觉。

我是班里最高的女生，差不多和红头发的女老师一样高了。这个高度差让我和亨利之间基本没什么交集，我觉得他在尽量避免和我站在一起。

亨利特别聪明，悟性也是班里最高的，第一个点头，第一个觉得无聊，盼着听下午的科学实验课，用塑料泡沫球组装东西。

我不迷恋他，但是觉得他很神秘。他怎么如此善于社交？对每个人都很好，很有趣但不愚蠢，从不像我一样招人烦，不会用15个问题让老师都有些畏缩，不会图书馆还没开门就去纠缠图书管理员。亨利在与人交方往面游刃有余，毫不费力。

有一次，学校要我们和家长一起完成一项作业：一家一家上门售卖地址簿，为学校集资。学校发给了我们地图，哪条大街，什么位置，方块代表路上会遇见的房屋，还有塑料的雨衣。一个下雨的周日，我穿上雨鞋和带帽的黄色雨衣出发了。我的妈妈在哪儿呢，爸爸呢？他们绝对不会想到要跟我一起去，我也绝对不会这么要求。那时我还没有觉得害怕，几个月以后，孩子们开始失踪，后来一个名叫克里夫·奥尔森的家伙承认在这个城市里谋杀了11个孩子。从那以后，我们家又安装了好几把锁，出门才结伴而行。

我穿过一道精心修剪的花园篱笆,在雨中冻僵了双手。我默念着自己的说词:"你好,我是玛丽王后小学的……"。门开了,一个小个子女人出现在门里,是个中国人,她看起来很困惑。

"你好……"我开始说。她摇了摇头,皱起了眉头。她真小啊,看起来像个孩子,她多大呢?

"不懂英语,"她费劲地回答。我犹豫了,先要转身走开,这时,她把门打得更开了,转身说了几句中文。然后,亨利出现了,仿佛他随时守候在几英尺之外。这真是我后来生命中几个里程碑式的惊讶之一:亨利的妈妈是中国人。我怎么从来没想到过呢?

"嗨,"他说。我认识几个中国孩子,还认识几个黑人孩子,但从没见过看起来这么像白人的。亨利靠近他妈妈,保护性地握住了她的胳膊,用我听不懂的语言和她交谈。他的形象立刻改变了,我突然注意到了他偏棕色的皮肤和丹凤眼。

他妈妈点了点头走开了。

"她去拿钱了。"他说,然后我们就站在哪儿,什么也没说。

那一瞬间,亨利变得很不一样了,除了已经知道的那一长串品质,他此时又成了导线和解码员。她妈妈以一种我还不能理解的方式需要着他。我的妈妈则总是对我灌输独立和自理能力的重要性。"你得飞,自己飞。去看看世界,别回头!"她会这么说,而我也会不停地点头,虽然心里害怕得要命,渴望着在混乱但安全的家里留下来,永远不离开。

别人的妈妈

亨利妈妈回来了,手里拿着一张支票。亨利填写支票的时候,我突然想到,当然他自己就已经卖给妈妈一份地址簿了,她并不需要再买一个,人家只是在帮我的忙。她把支票递给我,脸上还有一个大大的微笑。亨利拉起妈妈的手,关上了门,神情是自豪的。在另一个小孩子面前拉起妈妈的手!在我这个年龄,过马路的时候还要先看看妈妈,还会跟妈妈闹别扭。亨利的感觉我还得过很多年才能感受到,后来我和妈妈不断地变换着角色,互相向对方解释外部世界的困惑。

我的女儿也会喜欢上单身妈妈。

我认识艾玛的妈妈比认识艾玛还早。夏季末尾的一天,妈妈在厨房里洗盘子。"有个和你同龄的小姑娘就快搬过来住了,你快有个新邻居了,"她对我说,"她现在和爸爸住在俄勒冈州,但是她妈妈来拜访过了,她见过你在街上骑自行车。"

她想要干什么?给她女儿预订一个玩伴吗?真是又可怜又可恨。我开始想象这个妈妈:紧张兮兮地给俄勒冈的女儿打电话,向她保证搬过来住会很好的,还引诱她说邻居家有一个11岁大的小姑娘,肯定在一个班里上课,绝对没问题。

从这一点想象上,我决定认为艾玛的妈妈是个过度保护者,肯定比与我妈妈更能遭人议论。我妈妈在嫁给爸爸之前住在伦敦,周游过欧洲,所以比与我同龄孩子的妈妈们略大一些,却反而显得更年轻,她喜欢戴闪闪发亮的首饰,穿时髦的衣服。

不久以后,艾玛就开始在附近滑旱冰了,我也加入了她的活动。她们住的地方跟我们家完全不一样，她妈妈也是我没见过的类型。我们社区有几栋为数不多的出租房，她们就住在里面，那里还住着好多好多人。她的前任继父，她妈妈的现任男朋友（当地有名的演员），同父异母的姐姐，还有一个做DJ的好朋友。那时候我还没听说过DJ这个职业。房间里经常传出吵闹的音乐，成堆成堆的音乐磁带铺满了所有平面。脏盘子拥挤在厨房的水池里，四处看看，周围并没有洗碗机。艾玛的妈妈躺在后院的草坪躺椅上，旁边是女DJ，两人手里都拿着加冰的红酒。她看起来像个十几岁的小青年，浓密的长头发，鼻子上还有颗痣，穿着短裙，一双长腿又细又白。两年以后，麦当娜开始红极一时，而艾玛的妈妈像极了她。

那时候我只知道她跟我妈妈一点儿共同点也没有，我妈妈短发，极利落整洁。

"我听说过你，"她笑着说，"我是瑞贝卡。"

我很确定自己当时脸红了。

又过了一年，我和艾玛成为了最好最稳定的朋友——或者我们是在模仿从书中看到的最好的朋友，但是瑞贝卡却不怎么稳定了。一开始，她在一家高档餐馆里当女招待，艾玛和我放学以后总是去那里喝热可可。然后，她又到一家服装店工作，还送给我们店里不要的塑料的宽腰带。有一次，她找到一件长袖，长款丝质衬衫，领子上有个小小的口红印。"拿着，把这个给你妈妈，"她说，"她比我正经。"

我妈妈,正经?她又抽烟又喝酒,还穿得像个水手,她正经?然后,从那以后,在我眼里我们家开始正经起来:家里总是干净整洁,有规定的睡觉时间,还有家务清单,爸妈经常在前往乡下的路上拿乡下习惯开玩笑,但是我们自己也像所有乡下人一样传统。

瑞贝卡和我们看一样的电视节目,经常和我们讨论男孩子们。她有一条直筒皮裙,抽屉里满是化妆品和香水。从小到大都在听人们说平等平等,却从没见识过女性的力量。看着她抹着艳红的口红,穿着渔网丝袜出门,我觉得她是美丽而强大的,以前从不觉得这两个品质可以如此完美地交织在一起。

有一天晚上,我睡在艾玛那个同父异母姐姐的床上。由于监护权的问题,这所房子里有时候住满人,有时候又没有人。小孩子们,同父异母的兄弟姐妹来来去去,就好像大陆间往来的邮件。

半夜醒来,艾玛不见了。我起身,床上有一件长长的睡袍,下楼来到客厅里,对面艾玛妈妈的房门半敞着,透过门,我看到艾玛正依偎在妈妈的怀里睡着了。我都有很多年没有跟妈妈睡在一起了。瑞贝卡鼻子上戴着眼镜,正在看一本封面浮凸的平装书。她抬起头来,对着我笑了笑:"嘿!宝贝,你还好吗?"她悄声地说。我差点因为嫉妒哭出来:那么简单,那么安逸!

还有一天晚上,我在床上被吵醒了,听到瑞贝卡和她男朋友在走廊里争吵,从门下透进来一丝银色的灯光。"你个婊子!""你个蠢货!"还有东西撞上墙、玻璃碎满地的声音。艾玛背对着我,身体僵硬。我们是无话不谈的好朋友,但是这件事永远也不会谈起。

很多年来，瑞贝卡带着艾玛从一所出租的房子搬到另一所出租的房子，家庭成员也总是在变化，有时候会有男人加入，有时候就只有她们母女。艾玛和我会把两张床并在一起，铺上床单，锁上门。圣诞节的时候，艾玛会把瑞贝卡男朋友送的礼物都摆在床上，有索尼的随身听，也有开司米的毛衣。我会嫉妒地指着这些礼物，残酷地抨击她幸福的生活。

艾玛回俄勒冈的期间，我往往特别想她。她的皮肤晒成了小麦色，身材苗条，胸部越长越大，人也越来越聪明。我则日复一日坐在同一个草地上看书，无聊到冒泡。

但是，我也记得艾玛经常住在我们家，突然出现在门口，急匆匆地进门，仿佛有谁在后面追她。我妈妈找来一个大海绵垫子，还有大床单，这个简易的床常年放在我卧室的地上，艾玛来住的时候，就睡在上面，我们在黑暗中海聊。有一天早晨，我上楼去拿东西，下楼来的时候看见妈妈坐在厨房白餐桌的老位置上，旁边的艾玛在哭泣，妈妈弯着腰安慰她，一边倾听一边拍着她的背。

"他们老是吵架，"艾玛说，"讨厌死了。"我妈妈轻声安慰着，然后把她拥在怀里，前后轻轻地摇晃。我退出厨房，仿佛无意间打扰了一对情侣。

瑞贝卡后来变得有钱了，嫁给了一位理财规划师。这段时间，该上高中了，我和艾玛也分开了。我们彼此看着对方，明白遗忘在

别人的妈妈

所难免。

我们对新生活的适应是完全不同的。我的老板气和怪癖让我在朋友圈儿里没什么行情,但也找到一个同样喜欢外国电影和学院摇滚的同盟。艾玛则变得有点儿危险了,她开始吸烟,经常和漂亮女孩儿一起消失。她妈妈有一天晚上给我们家打电话,到处找她。妈妈和瑞贝卡讲电话,我用眼神告诉她,不,没有,我们已经几个世纪没见过她女儿了。妈妈一边打电话一边注视着我,看了好久。

将来,我的女儿也会碰到去世的妈妈。

本,是我的最爱,我为他着迷。我们第一次喝醉,他说:"我妈妈已经去世了,她很漂亮,皮肤白得像象牙。"随后不久,我见到了她的照片,于是我知道了,本说话一点儿也不夸张。

这个漂亮的妈妈离开的时候还很年轻,留下了两个同样漂亮的孩子。她漂亮极了,还有专门描写她的电影,一位著名的作家还写了一本关于她的书。我想知道关于她的一切,觉得自己可以间接成为她的朋友,还想象她会怎样对我。在和本的交往中,她无处不在,留下一片耐人寻味的影子。

"我妈妈可能会喜欢这部电影。""你妈妈会希望你重回学校读书吗?"

内心深处,我总有一种感觉,她可能不那么喜欢我。她是个喜欢住在海外的人,照片上的她总是站在山巅。那时候,我喝酒很凶,成天到晚穿黑色T恤,喜欢熬夜。年长的人不喜欢我这样的。

和本刚开始交往的那段时间，我总在黑暗中被吵醒，听到身边的本在呼喊着她。而那时候，她已经去世十五年了。"你觉得她会以我为骄傲吗？"他问的时候眼眶是湿润的。我用双臂抱着他，真心实意地点头。这样的夜晚开始还不经常发生，后来就变得频繁。沮丧折磨着他，她的去世还带来了很多其他的负面影响——不稳定的父亲、兄弟姐妹间互相的恶性影响，以及本永远也摆脱不掉的孤独感。

他爸爸后来又结了很多次婚。他住在加拿大的曼尼托巴，平时为医院打扫卫生，闲暇时画油画，在大帆布上描绘树木。记得一次复活节，兄弟姐妹们纷纷赶来团聚，大家都是乘坐长途汽车来的。本的爸爸为了接他们，开车多次往返于车站和家之间，他为这些衣冠不整的穷孩子和他们的男女朋友们感到骄傲。他们多半儿在上大学的时候就辍学了，还称自己是富于创造性的天才，将伤疤当作荣誉奖章。

本的爸爸找到了他妈妈去世之前的录影带。他的新太太在厨房里洗碗的时候，他把录像带放进了录像机里，于是大家在客厅的地上坐下来，观看这位金发碧眼的妈妈谈论着自己将不久于人世。录像里的本还很小，录像的人不停地问他关于妈妈生病的问题，引导他回答出一些聪明而坚定的话，他使用的词绝不是小孩子能说得出来的。我记不清他都说了什么，但他的聪明显得极其做作，比如"我会怀念她的，但是她将不再痛苦。"

屋子里异常安静。

那个瞬间,我是那么地爱本,爱录像里小小的他,爱坐在身边沙发上的他。但是,我知道,我的爱治愈不了他。丧母之痛已经成为了他生活的一部分,很多年来都是这样,我拉不回他。

我们的关系开始发生改变。"别在我面前装得像个妈妈,"他多次愤怒地对我大喊。但是,我能怎么办呢?谁能忍得住不对他释放母爱呢,这个破碎的大男孩儿。

我们最终还是分手了,不忠和沮丧玷污了这一段持续了多年的恋情。我最常想起的,就是这位妈妈,这位已经不在了的妈妈。当我看着自己的孩子们,想象着自己离开人世,离开他们,对这位去世的妈妈便油然升起一种自己也无法理解的特殊情绪。

这位我从没见过的妈妈告诉了我作为母亲我需要知道的事情。她对我说,永远不要停下来,她警告我不要离开。她以这种方式令我成为了一个好妈妈,就像瑞贝卡用她那流动变换的家庭告诉我,家是自由的,是鲜活的,住在家里的我们需要狂欢作乐。然而在最萎靡不振的日子里,我也会想起 K 太太的尖酸。

于是,我学到了,女儿需要空间和呼吸。我希望她观察到不同的众生相。我希望她到别人的家里住上一住,看看别种不同形态的关系。同时,当她的朋友出现在我们家的时候,我也会格外清醒,等着她们被我改变,等着她们改变我。

所有这些妈妈指引着我走近女儿,提醒我,她不会永远属于我,但是当她属于我的时候,她是上天给予我的最伟大、最宝贵的双重恩赐。

说你，说我

艾米丽·富兰克林

> 夜只是我们身后的背景，
> 只有彼此才最真实，
> 浸润在对方投射而来的光影里。
> ——《浪漫的诠释》华莱士·史蒂文森

运动场上，三岁的小女儿艾丽正忙着爬上旋转滑梯。我一边跟扎进拖鞋里的木屑作斗争，一边向她招了招手。艾丽马上回应了我，招手的时候整个手臂都大幅度摇晃起来，好像一艘轮船上飘扬的旗帜。我的周围，其他家长、保姆、爷爷奶奶们一只眼忙着照料自己的宝贝，另一只眼打量着别人家的孩子。

"她真可爱。"一个年长一些的女人说。我投给她一个微笑。

艾丽已经爬上了滑梯顶端，嗖地一下滑下来。我在滑梯下面接着她，旁边有一个帮着孩子爬梯子的妈妈看了艾丽好一会儿，然后我们开始了典型的操场对话。

"你是个大胆的人。"

她的意思可能是我竟然让艾丽自己爬上滑梯。"她自己能行的,她很会爬梯子。"那个妈妈递给她儿子一大包零食。"我不是指爬梯子……"她指着艾丽,小姑娘正在木头桥上奔来跑去,没有扎紧的头发在秋风中飞扬。"我是说,她好五颜六色啊!"

我并没太在意艾丽穿什么。仔细观察一下,测量结果是:一条橘红色的裤子,是我和她爸爸从冰岛给我们的一个儿子买回来的,紫色的袜子,半新不旧的凉鞋,淡蓝色海军条纹上衣。

她还戴着有链子的眼镜——没有眼镜她几乎看不见,眼镜让她的眼睛看起来大了很多,纯真而甜蜜,仿佛一个人类至今为止还不能生产出来的极精致的布娃娃。

"她自己穿的衣服。"我耸了耸肩。

"提米,别扔沙子。"这个妈妈一边说一边把儿子从沙盘边推开。她神秘地探过身来:"我儿子从来不愿意自己穿衣服,有几次倒是自己穿了,但是搭配难看极了。"她说着脸红起来,觉得可能冒犯了我,"我可不是说你家孩子……"

"没事儿,"我向她保证,我是真觉得无所谓。在无数子女教育问题上,我最不在意的就是孩子的衣着。"艾丽有自己偏爱的颜色,我觉得挺好。"

"好吧,你挺勇敢的。"这个妈妈再次强调。

勇敢?把这个词用在孩子对于时尚的选择上?我自己的妈妈不会这么用词,也不会允许我穿得像艾丽一样。

比如说吧：我在豪华的私人学校读小学四年级的时候，班里所有的女孩子都被梅琳达太太邀请到她家里，好让大家认识我这个新来的孩子。

"能出来了吗？"妈妈在楼梯下面对我喊。我们夏天刚刚搬过来，在这所新房子里说话有回音，我还不太习惯，楼梯会吱吱呀呀地响，穿着袜子可以在宽大的木地板上滑冰。我穿着典型的夏末服装（有领衬衫，卡其短裤和帆布鞋）。

我出现在楼梯口。

"去把这身衣服换了。"妈妈说。她自己看起来像平时一样完美，穿着精致亚麻上装，还有剪裁合身的裤子。

我吃了一惊。穿短裤怎么了？

"妈，我们就在门口玩一会儿，别人都这么穿。"

她还是让我换了衣服。出现在梅琳达家门口的时候，我穿着粉白相间的立领连衣裙，脚下是系扣的凉鞋，就为了去见一群玩儿过家家的小姑娘，她们都穿着T恤衫、破洞牛仔短裤和帆布鞋。我尴尬极了。让我更加显眼的还有我妈妈的介绍。我恶狠狠地看了她一眼。

许多妈妈们中的一个走了过来，"你看起来真是可爱极了。"大家纷纷点头。

"过来啊，艾米丽，我们去爬树！"女孩子们急着让我过去。我也想啊，但是怎么去。我会毁了这身衣服。后来问题解决了，梅琳达把我带到她的卧室，借给我一条短裤和一件T恤，我挑破了光脚穿凉鞋磨出的水泡。

这种事发生过不止一次。事实上,在我和妈妈的关系里,外表问题占有很大的分量。而这个问题在我和艾丽的母女关系中消失得无影无踪。我不关心她穿什么,并不等于我不关心她如何适应社会习俗。只是我把穿着放在次等地位(或者三等、四等、五等地位)。

我并不想给她施加压力,让她看起来一定是什么样子。而且我更关心她做什么,而不是她看起来像是在做什么。无论好坏,我嫁给了儿科医生,经常阅读他的内部刊物。很多儿科医学文章都是关于人们关注女孩子的外表多于她们的成就,这会带来很多不良后果。人们曾对我儿子说这样的话:"你投球胳膊真有劲儿!"或是"我听说你在学钢琴,真棒!"却对艾丽说:"你穿这件衣服真可爱!"

我爬上滑梯顶去找艾丽,抱了抱她,给她穿上一件外套。她喜欢天鹅绒的外套,因为天鹅绒"最柔软了"。每天早上,找到什么合适的,她就穿什么,有时候穿紧身的裙子,有时候穿哥哥的旧衣服,有时候穿住在加利福尼亚的表姐给她的彩虹条纹衬衫。艾丽才三岁,我和妈妈因为穿着的问题闹了35年,但是我觉得我不会把自己的想法强加在艾丽身上。

丈夫和我只要保证节假日她穿得干净整齐就行,有时候会给她小打扮一下,也是为了她外婆92岁的生日宴会,但是我们绝不会把衣着问题打上重大事件的标签。你准备穿什么? 这个问题没必要承载太多的情绪。我曾经一度认为自己穿什么才能符合妈妈的标准是件天大的事情，特别重要，而我几乎永远失败。

"你看起来棒极了，"我们住在伦敦的时候，有一次妈妈来看我，我们一起吃饭的时候她说："你的鞋是从哪儿买的？"

"你不喜欢这双鞋？"我低头看着自己的双脚。为了这双鞋我着实花了一笔，这是一双尖头的棕红色皮鞋。我很快就会讨厌这双鞋了，但是当时，我希望妈妈喜欢它们。

"我可没这么说。"

"但是你就是这个意思吧。"她确实这么认为，只是没那么说罢了。这里面潜藏的意思，只有母女才能够明白。

"这鞋只是有点儿……"她停顿了，既要不伤害我的感情，还得把实话说出来。

"就直说了吧。"

"太男性化了。"

这顿午餐陷入了感情和衣着的僵局。我一方面想要为自己的打扮争辩，另一方面又想争取到她对我的品位的赞许。

妈妈在各方面都力求高雅，裙裤、套装，哪怕是牛仔裤。服装很能说明她的性格。

我呢，事实上，从来都不是"外貌协会"的人。逛商场的人可以分成两类：喜欢买衣服的和不喜欢买衣服的。我就是后者。如今35岁的我知道自己将来也不怎么可能改变了。我会抓起一件喜欢的上衣、一双鞋或是一条裤子，从来不关心与已有的衣服是否搭配。妈妈逛街的时候会精心挑选，什么上衣配什么裤子，什么裙子配什么腰带。并不是说我不懂时尚，我只是买自己实际需要的。我有四个不满八岁的孩子，所以我的衣柜里基本都是T恤衫和牛仔裤。

我不是那种接孩子放学也会化全妆、穿套装和靴子的妈妈。我是那种穿着学生时代运动衫在后院陪着孩子们踢足球、打棒球的妈妈。有时候我也会模糊界限，穿穿漂亮的毛衣或裙子，但是总体来说，我只穿想穿的衣服。我妈妈现在已经不怎么介意了，但是害怕我们，我和我的孩子，她的外孙女，穿错衣服、破坏气氛的恐惧感还留在她心里。

举个例子：事情发生在几年前，在她家里过感恩节的时候。她和她的新丈夫组织起了一个庞大的现代家庭（7个孩子，16个外孙子女）。大家在这一天聚在一起，吃火鸡，踢足球。"确保孩子们好好打扮一下，"她指示。当然这里面也隐藏着对我和我丈夫的着装要求。"我会的，"我向她保证。我理解举办如此大型的家庭聚会所带来的压力，也了解把本来陌生的两家人聚在一起的难处。"不能穿牛仔裤。"她还补充说。

很苦恼（我们很想穿漂亮的牛仔裤配干净的高领毛衣），我们自己避免身上穿哪怕带有一丁点儿牛仔布料的衣服，却看到另一半家庭全都穿了牛仔裤。

我曾经以为自己能够改变妈妈关于着装、关于外表的观念。但是，自从有了自己的女儿，我逐渐意识到告诉女儿该穿什么样的衣服其实更多的是参与的问题，其实养儿育女这件事很大程度上都跟参与有关。不是为了控制孩子们该吃什么，该穿什么，我猜妈妈主要是为了让我融入家庭大环境，这样，她能更容易了解我。

她强迫我表现出怎样的外表，我并不因此而责备她。也许四年级那次的同学见面会，她只是害怕如果其他姑娘都穿了裙子，只有我穿短裤会难堪。也许那次感恩节家宴，穿牛仔裤出席会显得对新家庭成员不那么尊重。

"我要看看明天穿什么衣服，"艾丽说。我们已经从操场回到了家，洗过了澡，正在铺床。她把抽屉打开，一下子抽出内衣裤。其他的衣服就得慢慢考虑了，长腿裤还是短裤？她选了一条白色的裙子和一件带假领带的蓝色衬衫，带圆点的袜子和帆布鞋。只要她选的衣服适合外面的天气，我就不会过问搭配问题。我妈妈明天要接艾丽去上学，她会注意到另类的衬衫吗？会觉得衬衫配裙子很奇怪吗？也许吧。但是她肯定能从艾丽的衣着看出她的性格，她的坚定，她对色彩的热爱，也会很赞同她选择裙子的原因（"裙子在我腿上飘飘的很舒服。"）。

"不错啊。"我为她自己选出所有的衣服而进行表扬。

有一次我丈夫带着艾丽从操场回来说，今天有人问他们是不是瑞士人。他问为什么，提问的妇女就说到了艾丽的着装，颜色和款式的混搭。"为什么是瑞士人？"他问。"因为像 Oilily[*] 或

---

[*] 欧洲儿童服装奢侈品品牌，其总部在荷兰阿姆斯特丹。

Marimekko*的衣服。你知道,有一种国际化的古怪。"

但是艾丽自己并不知道她的衣着是与众不同的。

有几次,她发现自己的衣着很显眼,但是并没有因此而改变。我希望她能继续下去,尤其是在危险而叛逆的青春期。

我妈妈载着困得晕晕乎乎但是开心的艾丽回来了,向我讲述了她们的一天。"我们放学后在公园里散步,捡树叶,读书。她的裙子被染色了,她没裤子穿吗?"我看了看艾丽的衬衫。

我对她说:"我把这条裙子和一条蓝桌布一起洗,桌布掉色了。"我打算给自己辩解,我让艾丽穿着染色的衣服去上学,我没有把衣服分开洗(我不知道怎么的,有时候就是会把东西都混在一起,然后祈祷能得到最好的结果)。但是我没有辩解。"没关系的,妈妈。"

妈妈笑了笑,在我脸颊上吻了一下。

她看到了我的 T 恤衫(双肩都有孩子的口水),我的牛仔裤(大腿部分有米饭粒),我的袜子(被木地板上的钉子划破的小洞。我从小就特别喜欢家里的木地板,所以结了婚也在自己家里铺上了同样款式的)。最主要的,她看见了我拥抱艾丽时脸上的微笑。

"我简直一团糟。"在妈妈这么说我之前,我赶紧先自己说了出来。

我的衣服简直就是每天生活内容的展示板。但是它们展示

---

* 芬兰世界级时装品牌。

的并不完整。我妈妈每天奋斗不止，努力在生活不如意的时候也让自己和我看起来光鲜亮丽。现在，有了艾丽的我也许并不用如此拼命。

"你看起来很幸福，"她笑着说，"真像个妈妈。"

艾丽要我关注她，经过了长长的一天之后需要我把她抱起来。"能帮我看会儿孩子吗？"我把四个月大的儿子递到妈妈怀里。她哄着他，他回报她一个无齿的笑，然后准确无误把口水滴在了她身上。她大笑。"哦，不。正中毛衣。"妈妈跑去擦毛衣。我抱着艾丽，把重心从腰上移到屁股上。不知道艾丽会不会继续她大胆的服装秀，将来想要突显还是低调。我希望自己给她自由选择的空间，让她做自己感觉最棒的事。"不用说，我得换件衣服。"妈妈说，手上抱着孩子，衣服上被水清洗的地方显出与众不同的深色。

妈妈回到房间里以后，艾丽说："看看我做了什么。"她滑到地板上，去拿自己的书包，展开一幅皱巴巴的画，上面布满了红色、绿色和亮亮的蓝色。

"好玩吗？"我问。艾丽点了点头。"你肯定喜欢画画，这个蓝色和绿色让我想到了大海。"

"大大的大海。"她赞同。

"还让我想到了你那件衬衫，"我妈妈说："那件胸前有花儿的。"

艾丽点了点头。"我知道那件。我明天可以穿那件吗？"

"当然。"我说,"只要你想。"

她的外表——可爱也好,衣服染了色也好,甜美也好,邋遢也好,头发梳起来或散开来也好,对我和对我妈妈有着不同的意义。我并没有坚持让艾丽穿着牛仔裤出现在妈妈的家宴上,因为我想教给她什么是平衡——有时候你可以随便穿,有时候你需要正式打扮起来。但是,最重要的,当她长大了,想要拥有一切的时候,我希望她知道自己的幸福和外表并没有多大关系,自我评价并不受外貌的影响。

无与伦比的真实

卡拉·戴夫林

献给玛丽·兰奇如德

> 我有了一个女儿,
> 我给她起了你的名字,仿佛这样就能够将你找回
> ——摘自莎朗·奥兹的《最好的朋友》

意识到自己是个同性恋之前,我就知道自己想做一个妈妈。19岁的时候,我就读于一所私人艺术大学,在那里,我遇到了简。她是大一新生,18岁,毕业于西北部一所女子教会高中。她就像一朵太阳花,苗条,金发,眼睛明亮。第一次和她说话,我并没有意识到18年后,将会和她组织起一个家庭,共同抚养子女。我已经不记得我们的初遇,但是简记得。她入学前参观校园的时候,曾和我一起坐在宿舍的大厅里,周围还有很多其他学生。尽管房顶上有电扇,窗户都开着,但是大厅里还是热得像加州沙漠。我记得那个大厅,记得那里的热气,但是不记得给简介绍过学校的

历史，告诉她为什么离开西部来到这个离洛杉矶60英里远的东部小学校是值得的，在这里如果你没有车，等于离洛杉矶六百英里远。当年八月，她果真考到了这里，还过来和我打了招呼，只是我不记得她了。新来的大学生长得都差不多，瘦瘦的，金头发，长着一张太阳花一样的脸，穿着昂贵的古董衣。我没法把她从一堆人里认出来，一排人也不行。

简说，她来学校后参加的第一个派对我也参加了。一般情况下，我对细节都记得很清楚，但是她却能仔细描述派对当天三楼房间的摆设，嬉皮士装修风格，墙上的挂毯，桌上的音乐盒。我当时喝醉了，正在和一个同样醉醺醺的人激烈谈论着什么，简就在不远处。简绝不是个健忘的人，一两天之后，我和简终于有了一次交谈。宿醉的后遗症终于消失了，简在我的头脑里也终于有了位置，随后在心里也有了位置。

后来，我们二十几岁的时候，决定组织个家庭。我们都想要孩子，但是这件事发生在十年之后。做妈妈这件事让我挣扎了好久，想象着为人母意味着什么，还要忘却自己儿时曾有过的一个极不稳定、没有安全感的家庭。但是，简却来自一个幸福的家庭，父母都无条件地爱着她。第一次见到简的父母，我还是个轻佻、迷茫的小青年。十九岁的大学二年级学生，极力掩饰着自己被一个酗酒的爸爸抛弃，被一个精神病妈妈养大的事实。不是父母的死亡，而是糟糕的家庭环境让我已然成为了一个孤儿。

而简，她的家庭不仅完整，还充满了爱，富裕而有信仰，家人们互相以积极的方式影响着彼此。

我的妈妈尽了她最大的努力，但是即使这样也很糟糕。作为未成年人，我做得并不好，后来才慢慢成熟起来；多亏了简的父母，在她们能够坦然说出"同性恋"这个词之前，我早已融入了他们的家庭。

简的父母，大卫和玛丽，是传统的天主教共和党人。他们第一次不知道该拿我怎么办，这个她们女儿带回家的女孩儿。很多年来，他们像对待自己的亲女儿一样对待我，家庭宴会之前我会帮忙做饭，擦拭银器。最终我带来的尴尬代替了这个家庭原有的安逸，我是谁呢？朋友、爱人、女朋友、配偶、伴侣还是妻子？

玛丽，有着可敬的宽容和大度，成为了我一直渴望拥有的母亲。

从组成家庭的第一天开始，我和简生活在一起已经12年了。我的身体情况不允许，所以由简来怀孕。理由还不只这些，是的，简更漂亮，长长的腿，柔嫩的皮肤，她更拥有幸福的家庭，有血亲，有良好的基因。我则打上了母亲精神疾病的烙印，还有自己的健康问题。所以由简来孕育我们的孩子。我的女儿和我没有血缘关系，和那个让我懂得母亲的重大意义的女人也没有血缘关系。

当我们承诺组成家庭，简和我互相承诺要尽力使两个母亲这件事变得顺畅。我们的孩子肯定会受到欢迎和宠爱，但是有必要定义一下幸福的水平。

一个家里有两个妈妈，这需要我们立刻坦白自己的性取向。

同样是美国西部，这对住在旧金山、西雅图和洛杉矶的人们来说更容易一些，但是对于住在北加利福尼亚和俄勒冈乡村的人来说要困难得多。

虽然我受到了温暖和开放的对待，但是我对简的父母最为担心，尤其是她爸爸。他是规矩的天主教徒，乡村俱乐部里的共和党人，选举年的时候，只是看着他都觉得痛苦。俄勒冈曾经把反同性恋作为拉选票的标语。大卫和玛丽的邻居甚至在草坪上拉起了"憎恶同性恋"的标语。收音机、电视和报纸上到处都是艾滋病的消息。他们住的城市欢迎建立反同性恋法案，他们住的村庄更是右翼势力的强大支持。我不知道把我们家的情况介绍给邻居和熟人时他们是什么感受。我害怕和这些熟人见面，开车经过草坪，看到上面竖立的标语，走进大门后我还在紧张不已。

我们利用谈话来解决问题。我们探讨孩子的名字，节日都做些什么，怀孕需要哪些准备。我们还请简的妈妈和姐姐私底下说服爸爸。我们把自己公开，为大家做好接受同性恋妈妈的准备。我们野草般强韧的努力终于奏效了，几年之后，简的父母终于可以坦然谈论我们和孩子了，就像谈论简的姐姐和她的孩子一样自然。

我们花了一年的时间尝试怀孕，一年的等待。这段时间充满了期待和失望，再期待和再失望。一段时间之后，我开始摸到门路：列清单、建文件夹、预订图书、寻找靠谱的育婴培训机构。我设置了两个文件夹，一个是同性恋育儿模式，一个是正常模式作为参照。简给有孩子的朋友打电话，仔细询问从吸奶器到婴儿车的一切细节。我们争论孩子该穿什么样的衣服和什么样的尿布，迟疑现在就给孩子报名幼儿园是不是有点儿太早了。

有一个早已成为人母的妈妈，告诫我，成为别人的妈妈之前认清自己是很重要的。养孩子是辛苦活儿，尤其是头几年，属于自己的时间将全部消失。朋友建议在跨越那条重要的人生转折点之前，需要认真思索一下自己和生活。我思索出的问题比答案多，基本上是关于我该如何做一个和孩子没有血缘关系的妈妈。

我发现自己很害怕。人都会有育前恐慌，但是对于我来说，还有更深层次的恐惧。我将会成为一个没有经历过生产过程的妈妈，一个相对于正妈妈来说的副妈妈。我不知道该如何减轻自己不是亲生妈妈而带来的不安全感和不满足。

整个夏天，我都用来调节自己的感情，正视我的不平静的复杂情绪，正视我们家庭里的职位重复。我希望在孩子身上看到自己的影子，哪怕只看到缺点。我希望街上的陌生人说我们长得很像，因为我们有明显的亲缘关系，我想成为不容辩驳的母亲。不只是长相上，我希望女儿在介绍我时，没有犹豫、停顿和顾忌，就像介绍另一个妈妈一样。

虽然很确定简父母对我的爱，但我还是很担心。他们的认可至关重要，我希望他们把我看作是与简别无二致的母亲。既然他们是正牌的共和党人，很难把他们和周围的邻居以及大选之年分割开来。但是我知道他们深爱着简，他们也关爱着我。

忙于受孕的一年过去了，我们到俄勒冈去过圣诞节。大卫和玛丽盖起了他们理想的房子，能够俯瞰乡村俱乐部高尔夫球场的18个洞。当我们走进大门，看到的不是一棵圣诞树而是两棵。简的父母给了我们热情的拥抱。节日的装饰让屋里闪闪发光，简一回到家，玛丽就像以前一样开始笑逐颜开。

节日彩灯闪亮着，大家都感受着温暖和闲适。我们陷进沙发里，看着窗外。面对高尔夫球场的那一边墙壁上装了无数的窗户，屋外的草坪上闪着点点的雨珠。光秃秃的树木散落在草坪上，树冠上残留着点点的绿。这是圣诞前夜，第二天早晨，我们发现简怀孕了。她父母高兴极了。从这件事上，我发现了一条为人之母的基本原则：宽容和大度比恐惧更能奏效。

对于迎接我们的女儿来到这个世界上，我和简有着各自迥异非常的经历。她是那个怀着孩子的人，那个人们经常会拍拍肚子的人，那个双腿肿胀，那个需要硬膜外麻醉的人。我作为母亲的角色就比较模糊了，因为我是个没有孩子的妈妈。

在准备生产的过程中，我发现自己既犹豫又兴奋。我把自己这种双重的矛盾状态归结于对两类完全不同的母亲的印象，也就是说我自己的妈妈和简的妈妈玛丽。

当我的妈妈被确诊为精神病，简的妈妈玛丽也开始了她为人之母的道路。我害怕女儿对我失望，这种恐惧来自于对妈妈的回忆。我害怕自己不能教导她如何面对这个世界，害怕自己不能给她最基本的抚育。但是后来有了玛丽，慷慨大方的玛丽。幸运的是，孩子出生之前，玛丽也尽可能地参与了准备过程。她的参与意义深远，哪怕她只是出现在那里就已经足够了。她不亲自来的时候，我们就通电话，她还寄给我们好多精心准备的包裹。她是个可靠的指导人，帮我们度过期待和迷茫。是的，她是个准备过渡到外祖母的妈妈，她的存在是我能够成为一个好母亲的有力保证。

我越对玛丽开放自己，我自己妈妈的影响就减退得越快。我的成人生活里残留着过去的焦虑，这是我妈妈古怪行为和飘摇不定的童年所产生的副作用。简的父母把我视作己出，但是直到这段怀孕期我才真正对他们敞开自己。这并不是一种有意识的行为或决定，却好像是我用了很多年时间来学习的一种新语言，现在终于能够流利使用了。

这种流利是指为人父母之道，而玛丽是我的好老师。简生孩子的时候，玛丽站在简的右边，我站在她的左边。我们一起迎接新的生命。我把这段回忆视作最为珍贵的礼物。

我们给女儿起名为露西亚·玛丽，和她外祖母一样。她长得一点儿都不像我，但是那红红的头发跟我有些渊源，而简那边的家人没有红头发的，而我的家族里却出现过红头发的人。其余的身体特征就都是简的了。但是在抚育露西亚的问题上，事情就公平极了。第一年，我用奶瓶给她喂奶，她在我的怀里一连几小时的熟睡，每当这个时候，我就阅读《纽约人》杂志或小说，想象着如果我妈妈像我这样，她会有什么感觉。

她坐在那里几个小时地摇晃我，我很怀疑她这么做的时候内心里充满了正常母亲一样的情感。这并不是说我觉得她没有心，现在我明白了，她没有能力抚育孩子。生我的时候，她还很年轻，两年后生下了我的妹妹们。我知道如果她有的选择，是不会选择当母亲的。她也不会选择我爸爸，以及她的朋友们，也不会选择生下我。我坐在那里，女儿就睡在怀里，我极力提醒自己，妈妈她有病，她拒绝一切，拒绝整个生活，而不只是她的孩子们。

　　但是，拥有了自己的孩子，谁能不觉得完满呢？我没有亲自生下露西亚，但是我爱她爱到极致。简受孕的时候我和她在一起，从第一次看医生，到受孕疗程，到分娩培训，她出生后，是我亲手剪断了她的脐带。我的女儿以一种神圣而深远的方式成为了我生命的一部分。我知道玛丽也这样看待她的女儿简。我的妈妈对我从没有这份感情，我不知道自己对此是否能够释怀，她不能像其他母亲一样与自己的孩子建立情感的纽带。

　　幸运的是，我有玛丽这个好老师，这个好妈妈。露西亚很亲近她外祖母，玛丽在她一岁的时候几乎每个月都过来看她。那一年非常珍贵，我希望当时能够多记录下来一些，虽然已经照了几百张照片。

　　露西亚一岁生日之后，玛丽再一次来访，周六的清晨醒来，我们正在吃早饭，她抱怨后背疼得要命，当时是九月份。十一月份她就被确诊为胰脏癌晚期，第二年五月，玛丽离开了我们。她意识清醒的最后一天，是母亲节。

在最后的几个月里，我们尽全力把20年浓缩在几周里。那是一项家庭融合计划，我们每个月都到俄勒冈去住一个星期，尽量和她待在一起。化疗渐渐显得苍白无力，癌症发展得非常迅猛，我们全力使每一分每一秒都过得有价值。我们拥抱，倾诉对她的爱，用细节详述她对我们和家庭的重要意义。那是一段不平凡的时光，但是玛丽作为这个家庭的核心作用并没有改变。她越发大度和宽容，虽然她一生都是如此。

悲痛是简单的，但是我的悲痛却复杂到难以描述。玛丽是我这一辈子唯一认识的真正母亲，19年啊，几乎等于我和自己亲生妈妈认识的时间。我同时为她们两个难过，因为她们都告诉了我作为母亲的重要意义。我的教育模式和我妈妈的错误正好相反：就是不离开女儿。从来不长时间从她的视线里消失，认真地倾听她的倾诉，确保她吃得好，确保她经常被爱抚，确保她知道自己被爱着，被需要着。玛丽教会我要无条件地做好一位母亲，要具备不可动摇的信心，要付出爱。

露西亚和我经常到操场去，在路上的咖啡馆逗留一会儿。咖啡馆离玛丽、我和简给露西亚买第一个蛋糕的地方只有几步路远。我们例行的散步、在咖啡店吃点心、还是在操场玩耍，我不知道女儿喜欢哪个更多一些。

她已经足够大了，有自己的偏爱，一小杯热巧克力，但是不能太热。她喜欢靠近咖啡机的桌子，我们等咖啡的时候，她就盯着咖啡机怎么工作。我喜欢和三岁的小女儿聊天：

无与伦比的真实

"我喜欢热巧克力,妈咪。"

"是啊,宝贝,我知道。"

"喝完这杯,咱们去操场是吧。"

"对,我们去操场玩。"

"妈咪,你不在的时候,我好想你。你也想我吧。我们互相想。"

我没有说话,遇到了她的小眼神,她笑了,认真地点了点头,强调她的观点。

"没和你在一起的时候,我好——想你,"我说,"我只想一直陪着你,一直。"

"因为你是我妈咪。"她说。

"没错,因为我是你妈咪。"

当我们坐在那里,那家咖啡店,我感受着无与伦比的真实。

布鲁克林女孩儿

萨拉·伍斯特

> 自从那时，读书给了她整个世界。
> 她从此便不再孤独。
> ——《生长在布鲁克林的树》贝蒂·史密斯

我的宝贝太像她爸爸了。她特别强壮，而且八个月大就会走路了。这些身体特征可不是遗传自我，我骨瘦如柴，精神紧张，肌肉系统不发达，从来没有想过要培养一个运动员出来。但是，我嫁给了一个天生的运动员，而且现在很担心将来每个周末都得待在球场上。这听起来已经够糟糕的了，但还只是一部分而已。

最糟糕的是，她也许天生就没有坐案头的天分，不可能安安静静蜷缩在某个角落抱着一本书如痴如醉地阅读。作为一个一生都奉献给读书事业的人——比如我——空闲时间是必须的。你必须能够躺下来，或者在沙发上，或者在床上，捧着一本书一口气看上几个小时，不会起褥疮，也不会手抽筋。一个好的读者，哪怕在大夏天也要看起来像伤寒病患者。所以这种在女儿身上迅速发展起来的体育苗头必须被及时掐掉。如果要我和女儿建立起亲密的关系，奥古斯塔必须马上停止到处瞎闹，开始读书。我打算用书本和女儿展开交流，并为此在妈妈正在写的一本关于育儿的书里占有一席之地。

我们家全体都是书虫。感恩节或圣诞节，大家陆续从餐桌旁消失，几个小时以后被发现在沙发上或床上睡着了，面前摊着一本敞开的书。成长过程中，我们会把书签之类当做礼物互相赠送。我们这一辈对书籍的热爱是有源头的，我母亲是个英语教师，后来去做了图书管理员。就像妈妈们把女儿们打扮得花枝招展参加舞会一样，我们的妈妈会给我们写感情饱满的信，给我们买大量的图书，给我们办图书馆的借阅卡，不失时机地把我们培养成了书虫。

妈妈经常会拿出一本书，然后问我是否看过。所以有一天当她递给我一本她自己精心包装的书的时候，我没有觉察到任何异常。这本书名为《生长在布鲁克林的树》。妈妈说："我觉得你会喜欢，这是我最喜欢的书。"

一开始，这本书看起来挺普通的，书里的女主角弗兰斯·诺兰跟我年龄一样大，但是翻了20页之后，我的世界开始颠倒。这是一本肮脏污秽的书。十岁的我甚至不被允许看带有性影射的电视剧，比如《三人行》，但是妈妈却给了我这样一本书，主角的妈妈凯特用枪射中了一个恋童癖男人的阳物，因为他要强奸她的女儿。

我的老天哪。

这本书太可怕了。诺兰的邻居，17岁的还没结婚的琼安娜突然生了个孩子，一个男人试图饿死她怀了孕的女儿，更别提小提琴教师的恋脚怪癖。这本书字里行间隐晦着性、暴力、乳房、没完没了的怀孕，还有一个淫荡的姨妈。教我们刮腋毛都不好意思的妈妈居然给了我这样一本书。没准儿这又是她的一贯技巧，借助外力向我解释什么是性。我们读书的学校有公开的性教育课程，只要家长签字允许都可以参加，这就免了我们俩尴尬地坐下来，面对面地谈论这个尴尬的问题。像大多数父母一样，我妈妈很高兴签字了事。

就是这个腼腆的妈妈送了我这本书。书里，茜茜姨妈在一家避孕套工厂上班，有三个名叫"约翰"的老公，还把一瓶威士忌夹在她丰满的双乳间，让男人喝。

妈妈不是个性爱好者，书里肯定有别的东西引起了她的强烈兴趣，于是我努力寻找。

我很肯定她用这本书来暗指我很懒。她平时并不喜欢唠叨我，但是送给我这本书一定有什么特殊的用意。一页又一页，这些布鲁克林的孩子们在俱乐部里打工擦地板，捡瓶子、罐子，和屠夫讨价还价；而我却为刷个盘子、晾个衣服而抱怨不停。这本书替我妈妈说：你要懂得感恩，你起码不用每周六早上起来排长队买面包。书里描写的很多行为举止都是我妈妈推崇的：在存钱罐里存钱，每晚读莎士比亚，清洁楼梯扶手，到处打扫。但是书里还有很多行为我知道她肯定非常憎恶,妈妈对伦理道德是非常敏感的。

这一切让我对于妈妈把这本书送给了我这个事实更加困惑。尤其书里还有这么一幕,弗兰斯在和她爸爸散步的途中看到路边有一个妓女。

妓女向约翰尼招揽之后,弗兰斯问她爸爸:

"那是个坏女人吗,爸爸?"她问得热切。

"不。"

"但是她看起来是坏女人。"

"这个世界上是有很多坏人,但是也有很多不幸的人。"

我妈妈肯定不会同意的。这是个在晚间新闻上看到背叛家庭的政客就嗤之以鼻的女人,但是她却送给我一本对人类的污点如此宽容的书。

而且她知道读了这本书,我肯定会爱上茜茜姨妈,她是这个书里最温暖的角色,当然也是最放荡的。那时候我还很小,父母却知道长大后我的朋友就是像茜茜那样的人。十岁的我,很喜欢我们的邻居,那个外号叫蟋蟀的姑娘,不会骑自行车,喜欢梳大辫子,穿又细又高的高跟鞋。蟋蟀和茜茜很像,而我妈妈很讨厌她。如果我有勇气问问她怎么看茜茜,她很可能只会批评她混乱的私生活,而看不到茜茜有一份全职的工作,而且对她姐姐特别好。

故事的三个主角,遇到挫折百折不回,是我妈妈最喜欢的类型。这些人被巨大的困难折磨了一次又一次，我都不忍心继续看下去了。但是这些倒霉的人仍然坚持着，一页接着一页。

作为一个爱冒险、有梦想的人，我妈妈很可能和我一样喜欢书里的那一段。弗兰斯和她弟弟奈利参加一年一度的圣诞节摔跤比赛，如果不是第一个被打倒在地，就有机会赢个圣诞树。比赛的主办人想把树直接送给他们算了，但是又觉得如果不经历挫折，他们怎么能更好地适应这个社会呢。

妈妈憎恶用挫折这种方式教育我，但是挫折实际上又是最重要的一课。这是个该死的、腐烂的、一团乱麻的世界，但是至少她并没有对我隐瞒这个事实。

鉴于她给了我这本书这个不争的事实，当我读完这本书的时候，我也获得了一个全新的妈妈。我曾经认为，妈妈对于"正确行为"的概念十分狭隘，但实际上，她看书是非常广泛的。我并没有说她喜欢关于性的那部分内容，性其实正是她读这本书时不得不忍受的。但是我知道，她绝不会给我们规定什么书是能读的、什么书不能读，哪怕书里提到性。如果你问她，对那些不让孩子读某种书的人有什么看法，她很可能把这类人和不相信进化论或喜欢在白天喝酒的人归为一类。

在我们家唯一禁止看的是《魅力》杂志，这是我11岁的姐姐买回来的，封面上有黄色的大字，写着"最棒的口交技巧"。

我觉得成年人瞒着孩子到处藏书的唯一原因是畏惧书籍蕴藏的力量。书籍可以开启孩子的头脑，让他们考虑到海外上大学，使他们为人处世变得落落大方。书籍让这个世界变得更有人情味,让人类的行为变得更美好。也许因为文学带来的情感共鸣,妈妈觉得我可以从这本书里学会对现实中的人更加宽容。

书籍让人们有能力站在别人的角度思考问题。我是个成年人,我认识的朋友有的吸毒,有的酗酒,有的爱八卦,有的沉迷于购物,有的沉溺于黄色网络。有的朋友爱说谎,有的从商店里偷东西。但是我不希望奥古斯塔对他们品头论足。别误会,其实我自己就喜欢对别人品头论足,我说他们做作,不知足,有的甚至邪恶。但是我不会对妓女或在酒精中寻找安慰的人说三道四。

那么,如果我不想让女儿对别人过多指责,最好的办法就是送给她一本书,一本描写了很多很有魅力却活得一团糟的人物的书。

我不仅要利用图书教奥古斯塔如何对他人宽容,我还要通过图书教给她所有的一切。她开始念中学以前,我要给她看《去问问爱丽丝》,爱丽丝由于毒瘾发作,把自己抓得遍体鳞伤,这个情节让我对毒品充满了恐惧,希望也能对她起到同样的作用。我等不及奥古斯塔在学校里遭遇某些傻瓜,这样我就能送给她一本《麦田里的守望者》,上面写着:傻子都痛恨别人叫他们傻子。我会给她《杀死一只知更鸟》,告诉她什么叫种族歧视。当她迈入女人的世界,我会给她朱迪·布鲁姆[*]的整套书。如果奥古斯塔准备好了,可以接触一些世界的阴暗面的时候,我也会给她一本《生长

---

[*] 美国作家,她的作品专为青年撰写,触及种族、月经、性和离婚等主题。

在布鲁克林的树》，那里面除了社会的阴暗，同时也讲述了人类的力量，有些情节还特别生动。当然，所有这些的前提是，到时候我能说服她脱下运动服和护膝，躺进躺椅里看书。

但是，当她读这本书的时候，理解得肯定会更好，不像我当初那么震惊，因为她自己就是个布鲁克林人。贝蒂·史密斯笔下的纽约令我着迷。南达科他州的苏福尔斯市，这个我从小长大的地方，既克制又保守，人们甚至不互相拥抱，只是从远远的地方静静地招招手。开车的时候人们也从来不愤怒地大按喇叭，从不在公共场合使自己显得突出。但是弗兰斯的社区喧闹、狂野。有的女人下午了还穿着睡衣，从窗口向外大骂"你们这帮闹哄哄的混蛋"。大白天的还能睡觉？能往窗外骂那么难听的词儿？这个好地方到底在哪儿啊？我琢磨着。那儿肯定没有那么多路德教会的教友。

送给奥古斯塔这本书也许同时代表着我对她的信任，相信她能够以热情正向的眼光来看待这个世界。送给奥古斯塔这本书也许可以让她对我更加亲密，就像这本书拉近了我和妈妈之间的距离一样。

阅读，是父母赠送给我的最好的礼物，我也期待着把它赠送给奥古斯塔，等不及让她看《我的安东尼娅》《寂寞猎人的心》和《愤怒的葡萄》。她会像我一样喜欢文字吗？书架会带给她家一般的温暖和安全感吗？她和书之间有缘分吗？会一本接着一本地读下去吗？会惊喜地发现当有需要的时候，书会提供巨大的力量吗？如果我可以让她爱上阅读，那么我就给了她可以负担得起的最奢华的生活。哪怕穷困潦倒，她也可以随时逃到书里去。无论是在机场等航班时购买的，还是从我父母那儿继承来的，奥古斯塔已经有很多书了。它们堆得到处都是，我得花很多时间把书安置到书架上。

奥古斯塔已经习惯家里有这么多书了，因为从来到这个世界上开始，她的周围就都是书。我不是个全面周到的好妈妈，她出生的第一年，我丈夫的工作特别忙，出差的次数反而比以前更多了。我们搬家到布鲁克林，离父母住得很远，也太穷了请不起保姆。那一年，我经历了真正的孤独，而且很困惑自己到底是谁。成为一个母亲，让我感到很困扰，觉得自己被困住了。所以我尽量待在外面，只是为了和外界保持联系。

我去了过去一贯能够找到安全感的地方，一间充满图书的屋子。

我把奥古斯塔带在身边，整天泡在咖啡馆、书店和图书馆里。我希望，那段时光可以让书的气味浸润到奥古斯塔的身体里，在她成长的过程中给与她本能的指引。我需要这些浸润，来对抗来自她爸爸那方的运动基因和户外冲动。

奥古斯塔是否喜欢读书这件事为什么对我那么重要？读书能带给她什么呢？

慰藉和人性。带给她一种感觉，人生在世并不孤单。读书让我觉得我的生活不仅仅限于小小的苏福尔斯。虽然出生在大一些的纽约，但是奥古斯塔也需要这种感觉，而且，说不定某一本书将会改变她的人生。我喜欢想象她被某本书里的某句话触动了，阳光穿云而出，阴云从此消散，她突然就明白了自己存在的价值和意义。同时，我也真心希望图书的力量能带给她充足的银行存款。

当然，阅读有的时候也是一种负担。视力会下降，体型会走样，人也比较孤单。别人的轻视很容易激怒你，因为作为一个酷爱读书的人，你自作聪明，而且虚情假意的奉承很难满足你的自尊心。"那么多书，有那么多书还没读过！"奥古斯塔会像我一样，偶尔被这样的想法刺激到吗？

在渴望奥古斯塔喜欢上读书这一点上，我是存有私心的。如果我能让她爱上阅读，就多了一条母女之间交流的桥梁，哪怕在她初长为女人的叛逆时期，在谁也不理谁的尴尬境况下，我们也能通过读书来沟通。

所以，我会尽早下手，把足球这类东西从她手里拿开，然后把她培养成一个书虫。一旦对阅读上瘾，你就再也不能拒绝妈妈拿来的一本好书了，当然还有隐含在书里的大道理。

母亲的韵致

安·费舍·沃斯

> 她知道一千种方法,得体又高雅,
> 　　人们都围绕在她身边。
> 　　　　——摘自玛丽莱恩·罗宾逊《持家》

在我的办公桌上,有一张立可拍的黑白老照片,是60年前我父亲给母亲拍的。她站在一面厚重的墙跟前,也许是一幢房子的侧墙,在德国的韦茨拉尔。她穿着一件黑色大衣,里面露出一件毛衣的白色衣领,耳朵上戴着一对儿我小时候特别想戴一戴的银色耳环。母亲脸上长着雀斑,她嘴唇丰满,有着典型的罗马鼻子,弯弯的漂亮的眉毛,乌黑的秀发和大大的眼睛。有一次,一个学生看到这张照片说:"哇,真像个电影明星。"照片里的母亲抱着当时只有一岁的我,我抓着太阳帽的边,看着地上,嘴里叽里呱啦地叫个不停。当我想念她的时候——这是很经常的事儿,我就会一边看照片一边想,作为她的女儿,曾被她宠爱着,我是多么幸运。

母亲是我童年时代的女神。虽然我们关系极其亲密，我的每个细胞都熟悉她的怀抱、她的声音、她的味道，还有当我把头枕在她腿上，她肚子咕咕叫的声音；但是她生活的大部分对我来说都将永远成为秘密，她的很多事情我都不知道。她成长于一个沉默的年代，自己也是个内向的人，一个内布拉斯加州的淑女。

  关于她的一件小事……

  有一天，我母亲和她的姐妹们——艾尔玛还有弗吉尼亚走进教堂避雨，当时她们还都是小孩子。教堂里有个人正在讲日课，她们顺便听了听，便决心皈依基督教科学会[*]，把她们妈妈关于胶鞋和肺炎的警告忘得一干二净。我母亲的爸爸在奥马哈的牲畜围栏工作，担任着重要的职务——骑莱克斯，他的帕罗米诺马。我母亲的爸爸当时正在做生意，他的生意伙伴后来携款潜逃了。家里一下子就没钱了，所以那个冬天，母亲就只有一件可以穿着去上学的衣服。我母亲的妈妈想当个演员，但是家里人不允许。我母亲的妹妹去世了，但是关于她是如何在婚后一年去世的，我的姐妹间有不同版本的说法。我母亲30岁之前，就已经经历了结婚、离婚，还曾经

---

[*] 也叫基督教科学派，成立于1879年，该教派认为既然上帝是绝对的善与完美，那么罪、疾病和死亡都与上帝无关，因此都不是真实的。这个物质世界是虚幻的，真正的真理和存在都是在精神层面上的，所以所有的物质上的"错误"都可以靠更高层次的灵修来解决。

母亲的韵致

有过一个女儿，名叫琼，但是后来她失去了所有亲人。

第二次世界大战打响后，妈妈和琼就从奥马哈移民到了美国的纽约。成了孤儿的她，同时也刚刚经历了离婚，她知道如果我爸爸，也就是她的新未婚夫熬不过战争的话，她就得自己赚钱养活她自己和琼。于是，她没有等待，开始了在时尚界的事业，刚开始是一名商贸杂志的记者，这是她喜欢的工作。1945年的圣诞节，爸爸从迈阿密回来了，还带回了一个书记员，这个人闻起来像是腐烂的雨林，皮肤由于长期服用抗疟疾的药物而显得像干了的橘子皮。妈妈放弃了她在纽约的工作，摇身一变成了军嫂，还给爸爸生了两个孩子。

母亲这个人很少见，她是个发自内心的乐天派，是个充实，富有创造力的传统家庭主妇。她跟随爸爸去了德国的韦茨拉尔，因为在占领期间，爸爸被派驻在那里三年。在那里，我的小妹妹珍妮佛出生了，而我必须得同时学习英语和德语。

我们住的房子以前属于一个德国纳粹军官，他在院子里扔了好多刮胡刀，这些商店里买不到的东西，当时都成了我的玩具。妈妈买不到地板蜡，就别出心裁地用鞋油、融化的蜡烛和汽油的混合物代替。有的时候，妈妈从军区福利社买回没有标签的罐头，晚饭就得猜会吃到什么了。有时候，德国人会来到你门口贩卖自己的传家宝，就为了换点面包和猪肉，有一次就来了这么一个路德教会的牧师，他的十指都被纳粹砍掉了。母亲教当地妇女说英文，还把自家的窗帘裁剪开来，给孤儿做尿布。

1950年，我们回到了美国，在宾夕法尼亚住了五年，可以说那是我父母一生中最快乐的五年。我们养了一条狗，还种了很多花。我们每天吃正常的三顿饭，而且特别讲究餐桌礼仪，妈妈会经常提醒我们"梅宝，梅宝，能干而且美好，胳膊肘也从不在桌上乱跑"*。有时候，她会给我们讲讲在纽约那会儿她在时尚界的事业，她那会儿给一个名叫托比的女老板打工。我的整个童年都经常玩儿一种和时尚有关的游戏，叫作"我们来说说"。很简单，就是描述一些特别漂亮的衣服，假装穿着这些衣服去一些地方参加派对。在战争中经历过苦难的人们所渴望的和平而幸福的生活，正是这五年里我们所过的生活，但是后来，爸爸被派往韩国，后来去了日本。两年后，他终于退伍了，我们搬到了伯克利。这下子，父母可以享受黄金般的幸福生活了，我们姐妹都已经长大成人，他们本可以拿自己买的红色跑车开开玩笑，然后开着车到处旅游，爸爸的秃头上应该戴一顶贝雷帽，妈妈的红发可以配一条漂亮的纱巾。但是，突然有一天，爸爸病倒了，接下来的几年里都得接受治疗，他得了脑癌。接下来的一年，他貌似康复了，但是在

---

* 一首儿歌的歌词。

1962年的五一劳动节再一次倒下。三个月以后，他去世了。

有一次，我问母亲，她和爸爸为什么从来都不吵架。她回答，他们失去过很多，还经历过战争，两个人在一起聚少离多，所以他们格外珍惜在一起的时光。他们深深地爱着彼此，两个人之间的情感纽带牢不可摧。虽然妈妈在2003年再次结婚，但是失去了我爸爸她就等于已经失去了生活本身。

1955年到1957年间，爸爸曾被派驻日本，我们在那里和他会合。在日本期间，我们上学的时候，妈妈开始学习画画，仅仅是为了兴趣。她还在大学里专门学习美术专业，但是后来也不得不放弃了，因为大萧条的来临，她得找一份靠得住的工作。后来，大萧条结束了，我们长大了，她也有了时间，她的绘画才能得以继续，最终开花结果。她是个很有才华的画家，特别在抽象田园方面很有天赋，虽然她的老师经常鼓励她办个专业的画展，但是她更愿意把绘画作为一件私事。

妈妈很希望被别人了解。86岁的时候，妈妈打算从伯克利搬走，在车库里举办了一次拍卖会，简直棒极了。她把自己的东西，还有我继父的东西都贴上标签，这些东西来自世界各地，而且都是几十年的老物件。还有些是她在绘画课上画的人物肖像，画的都是些长相丑陋的陌生人，比她的风景画差远了。没人买这些肖像画让她崩溃极了。虽然珍妮佛、琼和我都很宝贝她的风景画，还很自豪地买了很多，挂在客厅和卧室里，但是珍妮佛还是听见她小声的抱怨没有人欣赏她的艺术。

母亲是我儿时的女神，这是千真万确的，但是后来，我发现自己还是被她伤害到了一些，她品质太好了，行为太标准了，又特别能自我牺牲，但是很注重个人隐私。青春期的时候，就像很多与我同龄的年轻人一样，我出现了双重人格：外向的和内向的，地上的和地下的。我成了家里的黑马，一个未婚先孕的妈妈，18岁的时候，我生下了第一个女儿。如果被外人得知真相的话，这将是一件令人羞愧的丑事，虽然我一点儿也没觉得应该羞愧。传统使然，妈妈做出了一些反应，但除此之外，她也不觉得羞愧，爱宝宝爱到极致，而通常这种情况应该很痛苦才对。

几年以后，我第一次给母亲看我写的诗，她的反应是："写得真美，安妮，你得想办法发表。"而且，和我父亲一样，母亲也特别支持我们接受更高的教育。父亲去世之后，母亲去了高中教英语。有一次，我抱怨没什么好书可看，母亲说，我已经长大了，应该能看懂她最喜欢的一本小说了——弗吉尼亚·沃尔夫的《灯塔》。从翻开这本书的第一页开始，我便注定了以英语为一生的事业。在伯克利山上的家里，我席地而坐，读着这本书，爱着这本书，书里的莱姆斯太太让我想起了妈妈，那么美丽，充满了母性的温柔，但是让我把她和母亲联系起来的，是"楔子一般扎进内心的痛苦"。

青春期里的我，不知怎么搞的，决定不去读大学了。母亲开着车，带着我在加利福尼亚驰骋，耐心地在每一所大学门前停下来，直到我同意申请其中的一所为止。母亲开车从伯克利到克莱蒙大学，参加我演出的每一场戏剧，哪怕是雨果·贝蒂写的《女王与叛徒》，当天现场只有11个观众，而且那天是个瓢泼大雨的周日。

她支持着我的每一步成长，十年的时间啊，我的丈夫和我一样都是大学生，研究生毕业之前，我已经有了三个孩子。我帮丈夫写毕业论文的时候，母亲就开车赶来克莱蒙帮忙看孩子。三岁的杰西卡在电话里跟她说："外婆，我们好像黑泽尔和格雷特[*]啊，我们只剩下一块钱了。"母亲立刻就寄给我们一张支票。我的毕业论文终于通过了，而且出版了，母亲就一遍一遍地仔细品读每一个字。

我的第一段婚姻的孩子们，他们的童年没有我的童年那么幸福稳定，他们承受了一次痛苦的父母离异。这段不幸的往事我至今不愿提及。但是最终，我们的五个孩子，我亲生的，我丈夫亲生的，我们亲生的，大家住在一起，彼此相爱，而且深知我和丈夫有多么爱他们，现在，在我看来，我的家庭很稳固。

但是这篇文章说的并不是整个家庭，而是妈妈们和女儿们。那么我能够赠予女儿们什么呢？除了对园艺和烹饪，对狗狗和孩子的热爱，除了天生不会缝纫的缺陷，除了对她们全心全意、永无止境的爱之外，还有什么呢？我不知道对于这个问题，孩子们会怎么回答，但是我知道有这么几样东西。

首先，我自己走出了一条新路，我觉得通过我，他们可以看

---

[*] 《黑泽尔和格雷特》出自格林童话，故事讲述的是一对可怜的兄妹遭到了继母的抛弃，流落荒林，最后来到了一座糖果屋。

到女人可以在很大范围内取得很多成就。我 35 岁取得了博士学位，现在是密西西比大学的英文教授，主要教授美国文学、诗歌和写作方法，还开设了很多关于环境的讲座。多年来，自从第一次冒险写诗以来，我再也没有写过一首诗。现在，已经四十几岁的我重新燃起了创作诗歌的热情。在创业的道路中，我格外幸运：有一份热爱的职业，可以在工作中持续自我塑造，不断挑战自己的创造能力。

其次，在教育孩子方面，我没有母亲那么强势，不强迫她们整天乖乖的，静静的。我希望她们能够自由发展，而且说实话，我经常发现她们的探索是那么精彩，那么感人。她们是厉害的女人，我为她们的社会责任感和坚持真理的勇气感到骄傲，欣赏她们跨越式的成长。她们这一代的女人比我们这一代更自信，我同样欣赏她们办事的利落方式、她们的强势和勇气。

与此同时，她们给予了我什么呢？这个问题很容易回答。

当我的第一个孩子不幸夭折的时候，我觉得自己也快要死了。是我活着的孩子把我从死亡的边缘拖了回来。自打孩童时期，我就想成为一位母亲。是她们赋予了我生活。

可能的你

阿曼达·奎妮

> 我不是那头受伤的母马,
> 低着头,背对着大海,
> 疲惫地拒绝向周围的美景看上一眼。
> 一个孩子在窗边说:
> 亲爱的,过来桌边,我们一起喝茶。
> ——琳达·麦克克丽丝顿

每当从阿拉斯加旅行到美国时,途中都会见到一些抱着婴儿的少女。她们是那么年轻,甚至都没到可以开车的年龄。小马驹一样的双腿,微微晒黑的皮肤,像焦糖、像黄油、像微火烤炙的蘑菇。

她们应该在露营,坐在火堆边,喝着廉价的红酒,头脑里没什么深刻的思想,只是一味担心这条牛仔裤会不会显胖。生个孩子,天啊,对于她们来说太过陌生。

其实我也在营地的火堆边喝过红酒,事实证明这对我并没有好处，这件事让我移居阿拉斯加，给还没出生的你写信，我甚至都不知道要不要怀孕。

怀孕意味着在一所房子里被困八个月，做每件小事儿都充满了流产的危险，这里缺乏城市设施，到处是大型雪地挖掘机，还总在人多的地方作业，路边到处是酒吧，因为人们需要时不时暖一下身子。这些对某些人来说很好，但是对孕妇却极其不便。

在这里，人人都会驾驶狗拉雪橇。发明家和罪犯到处都是，各色的人都能见到。我是个有故事的人，但这在阿拉斯加太常见了，毕竟我没跳过飞机，没溺过海，没有用来福枪射杀过挡路的灰熊，也没有因为冻伤而被截肢的脚趾，我不住在没有上下水系统的木屋里，我甚至从来不滑雪。

但这并不是说我住在盒子里。我还没有被归类，是好人还是坏人，在阿拉斯加没什么界限。在这里，你可以成为你想成为的人。每当回到这里，下飞机的一霎那，我总会深深地吸一口气。任何地方都没有这里广阔，你可以尽情深呼吸。

在阿拉斯加，你会经常见到我：按照工作单一项一项干活的我，按照预约时间完成一个一个会谈的我，在办公室里埋头苦干为了国家有序运转的我。

在阿拉斯加存在着这么一种女人，她们年龄稍大，有过一些社会经验，决心为世界做一些实在的好事，她们手里随时准备着一份请愿书。通常情况下，我不会停下脚步在请愿书上签字，操心金矿、石油开采的事儿。我恰巧站在让全球变暖的事业的最前沿，其实我心里知道，如果科学家预言的情况真的发生了，这个世界将会充满了干旱、洪水，人们将会饥饿和干渴，人们会为了极度有限的资源互相射杀，防晒霜也会贵得惊人。

但是，我为什么要在乎这些呢？

我相信科技总会有办法解决这些问题的。而且，我最近要操心的事儿太多了，没有时间和心情为将来担忧。比如吧，你的叔叔约翰，我的弟弟，又开始吸毒了。唐尼，你未来的爸爸，正在和抑郁症抗争，虽然已经慢慢占了上风，但是我们俩都付出了大把的精力。还有你的外祖母（我妈妈），也突然出现在我的生活里，就住在离我不到一公里的地方，她刚服完 12 年的刑，居然也选择来阿拉斯加生活，她说她也需要深呼吸。

当然，还有要不要生个孩子，如果真的决定了要个你出来，我还需要很多帮助。

当唐尼感觉还不错的时候，他觉得我们可以试着生个孩子，每个月都要做好计划，检查排卵期，不断地测试体温，把自己的身体转化为一项生物工程。唐尼喜欢工程，对他来说，一项工程往往是固定的，按时的，把混乱整理成业绩。我则认为，万事都不要强求，如果你真的希望，你就会得到，而药片、体温计、倒立，其实都无关紧要。

如果你真的到来，唐尼会给你做一个最棒的独一无二的婴儿床。他会花上大把的时间思考，把每个晚上都用来画图纸，寻找木材。他会沉浸于制作，油漆，测试牢固程度。

我会每晚陪在你身旁,看着你入睡,试图走近你梦乡。唐尼会确保和医生的每一次预约都能准时实现,我则能帮你打败幻想中的妖怪,一起在森林中寻找小仙女。唐尼希望每一次争论都早早收场,最好在日出前决定好一切。我则喜欢不确定,迷恋没有看见的,没有说出口的神秘。

那么,现在你(我的意思是,有可能被生下来的你)是不是觉得我有些太固执己见了呢。随着年龄的增长,人们会越来越坚持自我,认为自己的个性是不可改变的,而且越来越显得完美无缺,没必要改变。这种观念会彻底占领我们,使我们变得不现实。

而不现实的人是不适合生养孩子的。小孩子需要现实的父母,那些我见过的、抱着孩子哄他们入睡的父母,那些我想要成为的父母。

内心深处,有些情绪被我一直隐藏着。我害怕如果继续忽视这些情绪,多年以后,只要几杯酒下肚,我就会对着陌生人不断倾吐,倾吐,在聚会上大笑,眼神飘忽,思维顽固不化,张口闭口就说:"我就是这种人……",而根本不知道自己到底是哪种人。

宝贝,我将如何塑造你,当我自己还需要被好好塑造一下的时候?

这么说也许会伤害你,但是无论有你还是没有你,你爸爸已经很成熟了。我很讨厌他缺乏宗教信仰和他抽象实际的感情。他是那么成熟、有原则。而我是那么爱他,疯狂地爱他,这一点连我自己也觉得不可思议。

我们俩其实毫无共同点。他的父母从小生活在威斯康星州的一个小镇上,在那里女人出门还要戴面纱,男人的双手由于操持农具而粗糙无比,周五晚上会聚集在镇上的酒吧里玩儿纸牌。

唐尼的父母高中的时候开始约会,此后一直在一起。当他们决定享受一下的时候,就举家到伊利诺伊的湖区旅游,仿佛突然一下子晋身上层社会。唐尼的妈妈为了养育孩子,放弃了护士的工作。他爸爸下班回来,就在后院搭火车模型。报纸每天早上九点整会准时送到,家里也只喝低咖啡因咖啡。在这个家,你也许找不到安静的时间坐下来好好读一本书,但是你绝不会发现随处乱扔的鞋子,也不会找不到止痛片。如果你搜遍整座房子,找出来的阿司匹林和布洛芬足够整座小镇迷糊一周。他们笃信科学、药品、说明和指南,他们笃信彼此。我再也不会遇到像他们这样彼此信任的家庭了。而现在,他们也无比信任我,他们照顾我,也希望我如此回报他们。

我在全国各地的多所房子里长大,经常性地熬夜让阿司匹林总是不够用。报纸总是几个月前的,闻起来一股猫尿味,被丢弃在某张大椅子上。我爸爸是位作家(有的作品还是很成功的),他的手只能拿得起笔。如果房子里什么东西坏了,他顶多会用脚踢一踢,东西也就一直维持着坏的状态。我妈妈对艺术的品位比较"乔托"*。一次,她委托一位画家绘制了一幅小精灵透过橘子苹果偷窥一家幸福家庭的画。迷路的时候,我们通常不看地图,漫无

---

* 14世纪意大利画家。

目的地到处瞎转。

我们不喜欢各种各样的娃娃,但是唐尼的妈妈有一屋子的娃娃,苹果脸蛋,红嘴唇,手里拿着小瓶子,坐在小椅子上。我妈妈在监狱里服劳役,大部分时间用来做娃娃。这些娃娃太逼真了,监狱里的海地人甚至用他们来施巫术,结果引发了一场争吵。(确实,妈妈在监狱里的时候,我没为她做什么,没有每周写信给她,没有争取为她减刑,没有给她寻找更棒的律师,没有把她的照片寄给任何一个反长期刑役的组织。但是,我至少每年看望她一次,而且监狱不让她继续做娃娃的时候,我也确实给美国议员打过电话,"做娃娃?"议员问,然后我就再也没得到回信儿了。)

宝贝,你肯定不想要布娃娃,或者听有关你外婆的故事。以后,当你抱怨圣诞树太小,火鸡烤得太焦,复活节篮子里装满了书而不是巧克力,我就会忍不住给你讲我在节日里去监狱看望外婆的事情(我当然不会说那时候我已经是大人了)。当你再长大一些,关于外婆的故事会变得越来越丰富,越来越复杂。你可能会听到我诉说政府在一边而妈妈在另一边是什么感受。有时候,我可能会哭着讲述;有时候,我可能会用很突然的"哈哈"来掩盖尴尬,"妈妈出狱那天,我喝醉了,哈哈!"

至少以下这一幕我敢肯定会发生:我去东部看在那里居住的两个姐姐,当把你们孩子都送上床,我们姐妹就会坐在桌子边聊天,她们肯定会问我妈妈怎么样了,我就会回答:"她很好,实际上,好得不能再好了。"我的嗓音会发假,我会强调她很好。然后姐姐们就会用眼角余光互相瞟来瞟去。

她们也是有界限的人了。她们有孩子，有事业，有房子，有贷款（而且会按时还贷！），有老公（她们其中一个人有老公），一个爱荷华州的男人，意志坚定，眼界却窄得跨不过爱荷华州的边界。

那时候，你会偷偷溜下床，因为你很像我，当我是个孩子的时候，经常偷听大人的谈话。那些话语很神秘，比烧烤时听小苏西饶舌有意思多了。银饰餐具发出的响声，红酒被倒进杯子里，雪茄烟的味道，这些谈话我知道总有一天我能明白，绝对会令我大吃一惊。（长大以后，我痛苦地发现，成人的谈话中总掩藏着陷阱。但是作为小孩子，最惊险的事莫过于偷偷听大人谈话了，然后第二天讲给小朋友听。）

所以，你一定会出现在那里，藏在楼梯尽头的阴影里，而我和你的姨妈们正在谈论着"她"。从我们的语气里，你肯定会猜测，这个"她"到底是谁。

我继续用做作的嗓音谈论，她变了很多，居然懂得遵守规矩了，人们都很爱她，能再一次吃到她做的饭，我感到无比幸福。我这样讲，事情会容易得多。

我会让她们想象妈妈在厨房里做饭的样子，而不是坐在"纺织间"里，分装白粉的样子，或者是坐在探监室塑料的椅子上的样子。我这样说，也许，只是也许，会把我们都带回从前，那个有家的从前。

但是，姐姐们了解我，她们不会被糊弄。她们甚至认为我这种对家庭的迷恋,这么容易宽恕的性格,其实是不健康的。

她们也许会说:"你怎么能忍受,尤其是你,当她对你做了那些,你怎么能忍受?"

我可能会说:"她是我们的一部分啊,你们俩怎么可以这么轻易就放弃了我们的家。"

也许,我们谁也不会说什么。我们会谈论些别的,比如食谱或减肥什么的。我们会谈点儿政治和当地的新闻,我们会谈论孩子和男人。而你,楼梯尽头的孩子,会听得见没说出口的话,孩子们就是有这样的特异功能。

你会听到言外之意,你知道需要知道的还有很多。你本能的知道,故事不会那么简单,不只是外婆在监狱里度过了12年而已,不只是妈妈在她的妈妈出狱那一天碰巧喝醉酒那么简单,不只是所有的节假日都毁在探监上,不只是妈妈和政府对立带来的诡异感觉。

当我还是个小孩的时候,我偷听过妈妈向她的姐妹抱怨她多么不会熨烫衣服,多么恨丈夫为了她熨坏了衣服对她大喊大叫。她好像说过:"我就是搞不定领子",然后便开始哭泣。即使在那个年纪,我也明白妈妈不是为了衣服领子哭泣。然后,我就把这个场景记下来,留待长大以后解读。

后来,我长大了,对这件事情的解读是这样的:那时妈妈三十多岁,生了四个孩子,嫁给了一个大男子主义,脾气暴躁的丈夫。她没办法保持屋子清洁,也没兴趣打扫。她想和丈夫一样,成为一个作家。

但是,他不允许,因为他知道,如果她开始写作,就会经常出门,没人来照顾他、照顾孩子们,没人给他熨衣领。妈妈哭泣,因为她恨自己的生活,一种被我们——她亲生孩子困住了的生活。

我看到比自己年轻的女人并不感到嫉妒,她们的身体已经成熟了,却不断吃药以免生出像你这样的宝贝。

不像很多同龄的女人,我从不抱怨生命的残酷,不抱怨为什么女人的情感不像身体那么成熟。我倒是觉得我们的感性还不错,它让我们不轻信课堂上教授夸张地讲解塞尔维亚·普拉斯*的命运,让我们忽视了女教授们在合适的年龄结婚生子,却不愿意围着炉灶转来转去。

嫉妒,代表着在自己的人生轨迹中插入另一个人,而两种人生、两种人格会产生冲突。当初二十几岁的我,从一个想法跳到另一个想法,从一种哲学信仰到另一种哲学信仰,从一个人生计划改变到另一个人生计划,从一段感情迁移到另一段感情。想要固定在某个男人身边,简直是不可能。我花了好多年的时间,搬到了阿拉斯加之后才了解到安稳地爱上一个人有多么的可贵。

内心的平静是我所知道的最可贵、最灿烂的平静,而且我从不怀疑,随着时间的慢慢流逝,这种平静只会对你有好处。写这

---

* 美国诗人,她常被描述为"忏悔派"诗人群中的一员。她的大部分诗歌都具有强烈的个人化色彩,透露出她生命中的挣扎和痛苦,以及挥之不去的死亡阴影。《爱丽尔》是她的诗集,集中收录她的重要作品,在1965年她去世后出版。

些文字其实挺奇怪的，这不是给你写的信，对不起，我突然意识到，你甚至都还没有出生，就被我用来宣泄自己的感情了，用可能出生的你，来让我的世界显得正确。

如果你被生下来，我当然会用各种各样的故事将你养大。我是个作家，讲故事是我的工作，我用部分的生命来讲故事。我不会在你面前遮遮掩掩，而且，当你足够成熟，当你足够感兴趣，你会理解更多的故事：那些过去的挣扎，过去的牵连和逝去的思想。你会读到外婆在监狱里的生活，读到你的叔叔和他的毒瘾，读到你爸爸的抑郁。

读到我已经讲过和即将讲的故事。但是有一个故事，你将只能在这里看到，这是我至今没有勇气讲述的故事。和我一起飞翔吧，宝贝，让我给你看一样东西。让我牵着你的小手，让我们一起飞跃记忆的迷雾，飞到那个让我迷陷，让我僵硬，导致所有这一切困扰的地方。

那一年，我16岁，赶着乘坐一辆前往佐治亚马里他的大巴车。那里有一个男人，在等待着我，这个男人不是恶魔，却是个懦夫。后来，这件事被妈妈知道了，她知道应该阻止我，我和那个男人一起不会过得幸福，但是她有了新的男人，而我又这么年轻，对谁都是个诱惑。她没有选择的余地，而且，也许，如果我离开了，一切都会好起来。

那一天一直盘旋在我的头脑里。当妈妈畏缩地站在法官面前，我会想起那一天；每次探监的时候，我会想起那一天；如今，

12年后,她从监狱里出来,在机场看着她向我走来,我还是会想起那一天。

对于对与错,我知道的不多。我不会参加政治团体,不知道该不该反对流产或是死刑。但是我知道一个人可以引起多大的怨念,也可以赐予你多大的勇气和力量。我知道你可以紧紧抓住他们,把他们转化为人生的一部分,因为你有权如此。

无论你是一个什么样的人,或者你会成为一个什么样的人,请你记住:我们都倾向于抓住痛苦不放,并且不断地审判,审判,讲述,讲述;我们歪曲事实地讲述着,因为可以让自己显得更高大。

所以,让我们回到一切开始的地方,重新回顾那个场景。大巴车靠站了,妈妈看着我,她眼里是不是有什么我没看到的或者不愿看到的情绪?是不是有着终生的悔恨,最后导致她那样的结局?这是否导致了她开始吸毒,最终陷入囹圄?当她终于打开了这个心结,还有什么值得期待?为什么不就此一直沉沦下去?我为什么没有看到她的另一面?我为什么要把两个人陷在过去的泥潭里,这么牢固?

宝贝,让我告诉你:她就住在不远的地方,耐心地等待。那么,和我一起来吧,你和我。我们之间第一次母女之行。来吧,让我们一起告诉她这个决定。让我们告诉她:"欢迎出狱,其实我们两个都呆在里面太久了。"

然后,让我们继续生活。让我们迎接你的到来。

电话密友

劳瑞·格温·沙彼洛

"再见。"她小声地说。
然后她鼓起了全部勇气,挥了挥她的前腿。
——《夏洛特的网》E.B.怀特

"跟她说,是外婆找她。"我妈妈坚决地说。

我三岁半的女儿拒绝跟外婆讲电话,这让我妈妈很崩溃。她可是等到70多岁才盼来了第一个外孙女儿。作为一个退了休的慈善家,妈妈对她外孙女儿的爱非常热烈,所以这回应也让她格外生气。

"她今天过得很糟糕,现在最好别理她。"

"三岁的小孩儿生不了多久的气,没准儿现在已经好了呢。别废话了,劳瑞,赶紧让我外孙女儿接电话。"

真没辙,我没告诉她梵婀林今天在幼儿园被小朋友嘲笑了,我费了半天功夫刚把她哄好,她现在正安安静静地把积木(她外婆送的玩具）往袜子里塞呢。

"要和外婆讲几句吗？"我说。

她瞥了我一眼，觉得被背叛了，带着怒气说"不要！"然后把脸埋在被子里，还假装打呼噜。

我把她拽到电话旁，"礼貌点儿，外婆那么爱你。"

"喂？"梵婀林应付地说，我在一旁拽着她，以防她逃走。

"我上次跟您说过了，等您四月份来了以后我们再聊天吧。"

"到时候再聊也挺好的。"我赶紧接过电话。

可是，我妈妈不是那么好应付的。她等这个外孙女儿等得太久了，我生产的时候她甚至跑到病房里帮我丈夫一起扶着我的腿。她是这世界上第一个给梵婀林屁股上抹爽身粉，第一个用指甲刀给她剪指甲的人。

梵婀林穿着羽绒服兴奋地冲进雪地里，好吧，羽绒服也是我妈妈买的。梵婀林的三轮车，她的玩具厨房，都是我妈妈买的（我妈妈还送了她好多节日卡片，亲自手写的）。

外婆不会等到四月份来的时候再和她聊天，要等上两个月才能再次和她唯一的外孙女儿说上话，那可不行。

"她有点儿被宠坏了。"

"是被谁宠坏的呀？"我抗议。"她爱你的，她只是很讨厌电话罢了，你非得逼一个害羞的小姑娘讲电话吗？"

"哪个小孩儿会讨厌电话啊？我还见过她玩儿我送的电话玩具来着呢。"

"她那是和假想的朋友聊天,她能够控制谈话内容。"

第二天,妈妈又打来电话:"我要和她成为电话里的朋友,你可别拦着。"

妈妈卯上劲儿了。

有一类人,像我妈妈这样的,特别有人缘。1979年,妈妈在罗马的先驱广场捡到一个装有几千美金的钱包,然后还给了它的主人,2005年,她和这个钱包的主人还维持着朋友关系,每年圣诞节都能收到对方寄来的红酒。

她还和一个飞机上认识的中美混血女士保持着邮件往来,飞机上那次相遇,对方大大抱怨难吃的飞机餐,妈妈安慰了她好久。

妈妈是沙龙里的牙买加洗头大姐的好朋友,她去她家吃了一顿酱烤鸡肉,回家来就不停哀叹怎么没早点吃到这么好吃的东西。妈妈是赛米诺餐厅主厨的好朋友,她邀请人家参加了一次午餐会,聊了很多佛罗里达原住民的事儿,还向人家提供了基金投资的建议。妈妈是一位美艳的电影出品人的好朋友,她们是在南沙滩咖啡馆里认识的,因此她总能得到一张首映电影请帖,之后的庆功宴上,这位出品人还把她介绍给在场嘉宾,仿佛她是白金汉宫的女王。

说到女王,妈妈还和小气之王里昂纳·汉姆斯里[*]认识,在一次妈妈组织的筹资午餐会上,她们相遇了,后来一起工作了几个

---

[*] 美国酒店大亨,后由于偷税漏税被捕入狱,因此得名"小气之王"。

月，妈妈回忆起时还说棒极了。

小的时候，我是很会取悦他人的。比如替别人在洛杉矶酒店大厅里索要特利·萨瓦拉斯的签名，比如参观宾夕法尼亚的阿门什教派的时候，我会穿上阿门什的长袍和太阳帽。哥哥经常无情地取笑我的顺从，但是很快他也被妈妈要求按照"正确"的行为方式待人接物了。但是，现在，梵婀林却成了妈妈最大的挑战。

这也不能说是件坏事，梵婀林打心底里爱她外婆，但前提是要看得见她外婆的脸，而不只是听声音。我们上次去佛罗里达看我妈妈的时候，她们俩可亲了，梵婀林坐在我母亲的怀里，我母亲坐在摇椅上给她讲我们家那只猫的故事。那只名叫弗兰科的猫有一次吃意大利面吃多了，不停地跳，不停地跳，后来就死了。梵婀林听了有点儿伤感，但是却全神贯注，我妈妈给她讲弗兰科生过一窝橘红色的小猫，这些小猫在邻里四周游荡，还经常走进我外祖父的糖果店打个招呼。梵婀林和她外婆那么亲密，于是我和丈夫就放心地在当地的商场里大买特买。当我们回来的时候，她们刚讲完《老女人》的故事，正准备玩儿抽木棒。晚上，梵婀林还戴了妈妈的宴会首饰，妈妈把那些装饰叫作海盗抢来的战利品。后来，她实在累坏了，在我父母的床上熟熟地睡去。当我把她从他们的床上移走，她身上还散发出香奈尔五号香水的味道。

但是，回到纽约一周之后，我叫她听外婆打来的电话，却还是叫不动。我女儿一点儿也没遗传我的热情，比她爸爸还冷漠。我丈夫在玩亲子游戏躲猫猫的时候，极其散漫，躲在角落里也从不弯腰,有时候甚至还端一杯咖啡来慢慢喝。

我的爸爸是个从来不哭的人,有一天他在电话里哭着说:"他觉得,他就只说了一句他觉得。"这个"他"是妈妈的"癌症"医生,妈妈的内科医生说她肚子上的肿块儿有点儿可疑,就推荐她去看这个癌症专家。这件事儿,爸妈之前从没对我提起过。

我马上订了机票,这样妈妈去确诊的时候,我就能陪在她身边了。爸爸是个恍惚的性格,就像一个情商不高的科学家,平时的一切都是妈妈在照顾。

我们的飞机一落地,弟弟就给爸爸打电话,妈妈已经住进了当地的医疗中心,等待进一步检查。我和弟弟大卫把我丈夫和梵婀林放在半路上,这样梵婀林就不会听到我们的谈话。但是,我们一路上却沉默无语,只有汽车行驶在医院石子路上的沙沙声。

弟弟深吸了口气说:"进去吧。"然后打开了病房的门。爸爸在病房里,坐在角落里说:"医生马上就来了。"随后,医生就进来了,他带来的消息不太好,就像预测的那样,是块儿卵巢癌,不是脂肪块儿。妈妈可以接受手术,但是,以她81岁的年纪,医生建议维持最后的生活质量,她大约还有六个星期的时间。

"我很抱歉。"医生说。

在这种情况下我们能说什么呢?

我妈妈说:"谢谢你,一切都是命运的安排。有谁想来张纸巾吗?"

"妈妈,哦,妈妈!"我还是不能相信这不是误诊,我们家族里还没有人得过癌症。我开始大哭起来。

爸爸和弟弟都没有说话，爸爸看起来仿佛再也不会说话了。

"劳瑞，别哭了，我需要集中精力，"妈妈说，"医生说可以做手术，大卫，给我安排一下。"

"但是医生说很危险！"我抗议，几近崩溃。

妈妈看着我，眼里充满了泪水。"我决定冒一下险，这是我唯一的希望，我想要活下去。"她眨了眨眼，说这是我们的战斗。"起码得活到小孙女儿愿意跟我讲电话啊。"

"你马上就会再多一个孙子了。"弟弟说，声音酸涩。我心头一震，我的孩子起码还亲眼见过外婆。大卫的妻子怀孕了，他们的孩子能见到她吗？妈妈为什么这么重视和梵婀林讲电话？"我希望他们将来都喜欢跟我讲电话，"妈妈充满希望地说，她怎么还能如此坚强！

爸爸，一直坚持到现在都没哭的爸爸，也开始抽泣起来。

48小时后，妈妈躺在了手术刀下，她挨过了长达三个小时的手术，医生都为此震惊。

术后一周，弟弟说要陪着妈妈一整天，于是梵婀林就可以享受一整天的妈咪时光了，她还是平生第一次踏进医院的大门。

我们开车前往火烈鸟花园，这是当地一处森林休闲会所，车厢里佛罗里达州播音员的声音飘荡在我们周围。路边，两只巨型乌龟正在交配，其中一只发出超乎想象的叫喊。保罗赶紧把话题转向火烈鸟："火烈鸟的羽毛是红色的因为含有类胡萝卜素。"

"你怎么知道的？"我问。

"知道你父母谁最懂火烈鸟吗?"

我想起我那不会开车的妈妈曾经让保罗带着她去过六次火烈鸟公园,我也带她去过三次。

"我们能看到秃鹫吗?"梵婀林问。

她还记得?梵婀林第一次来火烈鸟公园的时候只有12个月大,大部分时间都花在喂苍鹭上,后来累到直打哈欠,我还记得妈妈对还不怎么会说话的外孙女儿强烈建议一定要看看秃鹫和美洲野猫再回家。"秃鹫!你会说秃鹫吗?"妈妈坚定不移地教着她外孙女儿。

妈妈的电话打断了我的回忆。

"妈妈说,你带着梵婀林到医院看她之前先给小姑娘买个礼物,就说是外婆买给她的。"保罗说。

我们在医院旁边的小店门口停下车,拉着梵婀林走进了玩具反斗城旁边的宠物店。"你们去哪儿?你来买玩具,我可不会买。"

"你买吧,今天我想看看小猫。"

这是事实:保罗身边有两个最热衷买礼物的人,也就是他老婆和丈母娘,他自己从来没有必要亲自动手挑选礼物。过了一会儿保罗买了礼物出现了,手里拿着一个穿着红色丝绸的中国新年芭比娃娃,还有一大包塔可钟(Taco Bell*)套餐玩具。

医院马上就到了,我们踏进癌症监护病房,妈妈躺在床上虚

---

* Taco bell 是美国最有名的快餐之一,几乎和必胜客,肯德基,IN and OUT有着相同的地位。

电话密友

弱地向梵婀林挥手。

梵婀林有点儿迷惑,但是,谢天谢地,马上回给妈妈一个吻。"谢谢你送给我的礼物。"哇,这是我所能期待地最棒的礼貌了,特别及时。

"谢谢你帮我买礼物,"妈妈对保罗说:"我送了什么给她?"

"我给你看。"梵婀林回答。

妈妈帮她打开包装,看到了中国新年芭比娃娃和套餐玩具,她对保罗说正是她自己想买的。保罗对着我傻笑了一下,然后亲吻了他丈母娘的额头。过了一会儿,梵婀林开始沉浸在幻想游戏中,当然是和她的芭比娃娃。

一位护士走了进来查房,我对保罗说:"我想再多待一会儿,你能把梵婀林带出去吗?"保罗叹了口气,知道把玩儿的正高兴的小孩子带走有多难,然后把正在床边喂娃娃吃塑料套餐的梵婀林扛出了房间。

"别喊,别喊,一会儿再回来吃套餐,"保罗对梵婀林说,"妈妈需要你乖一点儿。"

周六妈妈给我们打电话的时候精神很好,手术已经过去两个月了,医生说可以保守的乐观一些了。也许第一次用的化疗药物是颗哑弹,这次的新药非常有用。

"跟我聊聊梵婀林。"

我告诉她梵婀林现在特别喜欢因纽特人的雪屋,我们还真的用冰块搭起了一座圆圆的雪屋。

几天之后，梵婀林就得到了一本因纽特小孩儿吃鲸鱼肉的图片书。还有一个用海象下颚骨雕刻而成的小长须鲸。有张小纸条儿上写着，这是我妈妈以前收集的因纽特人小物件。"你知道你家宝宝会说因纽特吗？"幼儿园预班的老师对我说："还有长须鲸？她是从哪儿学来的？"

春假的时候，我们开车前往佛罗里达。这一天特别潮湿、闷热，我们决定到 24 小时影院里躲一躲，那家影院看起来像一座埃及寺庙。病弱的妈妈在空调的低温下有点儿冷，梵婀林有着四岁小孩儿都有的好精神，在影院大厅里跑上跑下，时不时戳戳埃及假人偶，我妈妈觉得她对埃及文化情有独钟。当晚我们在一家中餐馆吃晚餐。等位置的时候，我们坐在餐馆前的长椅上，旁边还坐着几个挺着大大的啤酒肚的男人，手提购物袋的金发女人们从我们眼前走过。

妈妈握着梵婀林粉红色的小肉手，问她想不想多知道点儿埃及的事情。

梵婀林好像别人给了她一根棒棒糖一样积极地点了点头，说当然想。妈妈回头看了看我，很是得意。

两周之后，我都忘了这件事儿了，梵婀林收到了一个包裹，里面装着用象形文字写着她名字的埃及饰品。

"你喜欢吗？"梵婀林被逼着听电话的时候我妈妈问。

"喜欢。"梵婀林说。老老实实的一句大实话。

"说谢谢。"我在她耳边提醒。

"谢谢。"梵婀林说完就跑开了。

"挺有进步的。"妈妈坚定地说。

更多的关于埃及的图书源源而来,没多久梵婀林就让我丈夫把她画的克里奥巴特拉*的图画扫描后发给我妈妈了。梵婀林整天让我给她读埃及的故事,到了学校就跟同学们讲伊比斯、太阳神和三桅小帆船。"三桅小帆船"这个词还是女儿教给我的。

妈妈又开始使用另一种化疗药物了,之前的产生了抗体。一个晴朗的早晨,妈妈决定是时候带梵婀林去蝴蝶乐园了。她很虚弱,但仍然热情地对梵婀林说:"我们坐在这儿,蝴蝶一会儿就都飞过来落在我们身上了。"

梵婀林紧挨着我妈妈,期待地伸出双手,几秒钟而已,一只明亮的黄色蝴蝶落在了她的手指上。她完全被迷住了。妈妈冲着我笑了起来。

妈妈坚持要逛逛礼品店,她太需要坐下来休息一下了,却兴奋地逛来逛去给梵婀林买几百美元的蝴蝶标本,穿在身上的蝴蝶翅膀,蝴蝶手提袋,还有两对儿样式不同的蝴蝶耳环。

"妈,走吧,你买太多了,梵婀林还没有耳洞呢。"

"等她以后打了耳洞就可以带了,即使那时候我不在了,你也可以告诉她这是外婆买给她的。"

梵婀林满五岁生日的时候,我父母提前四天就到纽约了。妈

---

* 即著名的埃及艳后。

母女情深

妈收拾行李的时候对我说,这种快乐的活动是她活下去的动力,但是生日宴会的前一天,妈妈的身体情况急转直下。

早上八点半,正是堵车的高峰,我们竭力打车接一位通过朋友认识的著名的癌症医生。

邻居预定了一辆出租车,为了送孩子上学,我向他们求助,一听到医院两个字,他们就立刻同意了。

著名的医生看起来并不著名。

他要求尽快给患者做一个CAT扫描,他要求尽快让患者住进西奈山医院。

她还有八个星期的时间。

她再也不能回家住了。

埃塔姨妈刚到,妈妈就让她给我讲她们俩曾经某一天的奇遇,那天,她们看见兴登堡号飞艇*飞过新泽西。我从来不信,但是妈妈发誓整个学校的孩子都到户外来跟驾驶员挥手,离它最后的坠毁只有不到十分钟。

"没错。"姨妈一边给她盖被单一边说。"飞艇上的人还向我们挥手呢,一群纳粹。"

埃塔姨妈去洗澡了,妈妈让我去 Barnes & Noble** 买一本特别的书,然后读给梵婀林听。这本书叫作《夏洛特的网》。

---

*　德国制造的飞艇,1937年飞跃大西洋,在新泽西州莱克赫斯特海军航空总站上空准备着陆时,仅34秒就被烧毁。

**　美国最大的实体书店。

电话密友

我还记得多年前我睡不着觉，害怕妈妈爸爸哪一天突然就死了，为了宽慰我，妈妈就读这本书给我听。

我极力回避死亡这个词。我是那种人，看不得沙发后面萎缩的气球，看不得鱼缸里漂浮的死鱼。

但是，妈妈去世的第二天，一位幼儿园老师给我打电话说，我五岁的女儿需要知道所爱的人死后去了哪里。虽然，我们并不打算带梵婀林参加葬礼。

作为一个游离于不可知论边缘的无神论者，我实在不太会使用"天堂"这个词。希望梵婀林会买账。

老天，她居然相信了。

但是，据保罗说，在我们都关注我爸爸的时候，谁来安慰小小的她，这个刚来到世界上不多久的小姑娘需要知道天堂里的全套设备。天堂里有自动扶梯吗？有购物广场吗？我们在哥伦比亚大街看到的死鸽子会在天堂里飞翔吗？我们在铁轨上看到的死老鼠也在那里吗？

母亲去世后的一个月里，我都在努力地实现她的最后一个愿望，我们准备好了迎接《夏洛特的网》，准备好了阅读夏洛特宣布自己的死亡。而且，就在夏洛特宣布自己即将不久于世之后几页，她就离开了我们。

"她为什么会死呢，妈咪？"女儿泪眼婆娑地问我，在我听来是一语双关，我不太确定她问的到底是谁，也不知道该怎样回答，因为我对妈妈的离去还怀有怒气，40岁的我已经成为了四个家庭中最年长的女人。

夏洛特生下的三个宝宝成为了小猪威尔伯的新朋友，就连这一点也无法让梵婀林和我高兴起来，我打破了作息规矩，让梵婀林留在了我们的床上，让她拉着我的手慢慢入睡。夜晚，一切过往的记忆总是变得特别鲜活：有一次妈妈带我参加了一个葬礼，她和爸爸误以为七岁的我可以接触一些死亡的话题了，后来我一直一直要求她发誓永远不会死，永远不离开我，但是妈妈却说答案就在这本书里，答案在生活中，不在死亡里。对于她的话，我一直不明白，只记得自己连续做了好几个月的噩梦。

爸爸现在和我们住在一起，他看起来对死亡也迷惑不解，整天沉溺在电脑里，与虚拟的对手对弈，只是偶尔看看窗外渐黑的天色，才意识到时间的流逝。

但是，即使他很迷失，我却知道他就在那里，看不到他才让我真正揪心，他决定冬天回佛罗里达住。

爸爸和我们住在一起，使女儿的词汇量再一次大增。她现在最爱吃的冰淇淋是"开心果"口味的，最喜欢的曲奇是马勒玛牌子的，她说这个牌子听起来像个87岁的老爷爷。

爸爸的书架上摆放着《如何赢得开局》、《国际象棋常犯的十种错误》、《象棋诊断》、《简易战略》和《军棋》，所以梵婀林也学会了好多棋类的新词儿。

"很抱歉您的妻子去世了，"有一次我听到梵婀林这么对她外公说，因为她把姥爷所有的"卒"都搬到自己的娃娃屋里去了，

"所以你才这么生气,对吗?"

"你还记得外婆吗?"爸爸小心地问。

我继续偷听。

"当然记得。"

"记得什么呢?"

"外婆特别有精神。"

"记得外婆喜欢做什么吗?"

"她有什么不喜欢做的事情吗?"语气里没有讽刺。

爸爸大笑起来,当时他正在往鸡蛋上撒胡椒粉,这个胡椒瓶子是妈妈在以色列一家礼品店里买的,为了这件事他们俩还在旅途中大吵过一架。

听到他的笑声真好。我好想念他的笑声。

"她不喜欢你不喜欢和她讲电话。"

女儿的小手绞着手里的餐巾。

"我们能现在给她打个电话吗?我想问问她天堂是什么样子的。"

"我打赌,如果天堂里有礼品店,她一定在里面。"爸爸说。

他们俩还是没有发现我在偷听。

梵婀林去拿电话,"我拨什么号码呢?"

当然,梵婀林是认真的。已经过了上床的时间了,我们还在聊天,包括为什么不能给天堂打电话。最后我们定下了一条约定,为了纪念外婆,我们要善待身边的每一个人。

"不用百分之百模仿外婆的方式,但是你要找出自己的方式对别人好。"

弟弟的孩子,凯尔,最终和他奶奶相处了13个月。这是一个特别爱笑的孩子,谁都能在他身上看到妈妈阳光的影子。很快,梵婀林迅速成长起来,超出了父母的预期,她的朋友也广布天下。而我,也超出了所有人的预期,心甘情愿地扮演着女族长的角色。

寻找妈妈

考伊·哈特·赫明斯

> 母亲的快乐有如灯塔,
> 照亮未来,
> 同时也留下幸福回忆的影子
> ——奥诺雷·德·巴尔扎克

腿上有什么东西,就在大腿后面,那里一定起了一个肿块。于是我回忆起肿块产生的原因。昨天,在一家咖啡馆,我拉开门,努力让婴儿车通过,手里还端着一杯咖啡。但是婴儿车中途却卡在了地砖的缝隙上,于是门就朝我的大腿拍了过来。身后站了个男人,就那么看着,一点儿忙也不帮,看着我和门作斗争。我觉得自己一定长得很丑,因为如果我很漂亮,他一定不会袖手旁观,早就帮我拉着那扇该死的门了。想起这件事,我就暗自咒骂,但是突然想起今天要到小学校去,不仅不应该说,而且脑子里也不应该想任何脏字。

我揉了揉后腿,那里柔软得让我吃了一惊,也不怎么疼,而且肿块儿还向下移动了一点儿,然后,我明白是怎么回事了。我正努力为女儿找一所合适的小学,真是比登天还难,穿牛仔裤的时候没注意,有一条脏内裤裹在里面了。原来这就是"肿块"——一条脏内裤。昨晚脱裤子的时候,我把内裤一起脱下来了,和牛仔裤揉在一起,顺手扔在地上。今早醒来,穿上牛仔裤,内裤就卡在膝盖以上的位置,而现在,我能感觉到内裤快滑到脚踝了。

"怎么啦?"乔琪亚问。

"没什么。"我说。

她是我的嬉皮士朋友。人一旦生了孩子,朋友圈儿也会跟着变。她把孩子放在我们家,我们一起雇了一个保姆。

"这个地方真不错。"她说。

我没告诉她我腿上有个东西。

"这个爬墙是志愿者花了一个周末的时间堆起来的,"小学老师说,"孩子们特别喜欢。"

我祈祷着内裤不要掉出来,我穿的可是九分裤。

我们被带着参观了工作室,从那里出来我们停了一会儿,我向周围看看,害怕会有条狗跑过来闻我的膝盖。小学老师向我微笑,我也尽量保持着其他妈妈们一样的表情。

"我已经说了好多了,"老师说,"你们有什么问题吗?"

"有!"乔琪亚说。好像我们是小孩子,在回答老师的问题。我挪开一些,让别人以为我不认识她。

寻找妈妈

"小孩子闹脾气的时候,你们怎么处理?"她问。

乔琪亚头发灰白,我觉得不太体面,她怎么不染一染呢?你看,我自己很矮,所以总是穿着高跟鞋,我觉得这是一种礼貌。

"你说什么呢?"我悄声说。

很显然老师很明白乔琪亚的问题,而且立刻回答:"我们尊重孩子们的情感,所有的情感,哪怕是脾气。如果谁生气了,我们会说'嘿,如果我生气了,我就找块空地扔扔皮球,这样也不会伤到其他的小朋友。捡起一个球,能扔多远就扔多远,但是要先选好地方。'"

乔琪亚点了点头,看起来对老师的回答非常满意,周围的其他妈妈们也很满意。她们都穿着帆布鞋或平底鞋,我却穿着细高跟。

"咱们走吧。"我对乔琪亚说。

"我还什么都不知道呢。"她却说。

我挥了挥小册子,"都在这里面,写得清清楚楚,老师们也只是读读这上面的东西而已。"

"好吧。"她说。

这是乔琪亚的一贯答案。老师继续介绍。我已经准备离开了。我不在乎小学的教学哲学。"我们寓教于乐",千篇一律。他们重视孩子的想象力和独特个性,有些说重视经济多样性,在我看来就是在一群有钱孩子中间放进一两个穷孩子,然后把这点作为广告,写进小册子。他们都保证孩子在这里会茁壮健康成长,都贬低其他学校的做法。

参观了一圈儿，我们回到我的车上。

"刚才那里有股怪味儿。"我说。把手里的宣传小册子揉成一团，拿掉了裤子里的一团内裤。仿佛又回到了大学，口袋里装着内裤，删掉手机里的某个电话号码，发誓再也不做同样的蠢事。

"那是什么？"乔琪亚问。

"内裤，"我说，"备用的。"

乔琪亚，特别喜欢记录人生点滴细节的乔琪亚拿出相机，给我和小学校照了一张照片，我的手指上还挂着内裤。

"记得把这张照片给我，"我说，"我准备给 E 讲讲这一天，她的傻妈妈，努力给她找一家合适的小学校，还得极力确保内裤不从裤子里掉出来。"

将来某一天，当我的宝贝翻到了这张照片，我就会给她讲述这一天。我愿意给她讲述任何一张她找到的照片，但关键是：她要寻找。只要她寻找，故事就会源源不断被讲述。这也是我理解我的妈妈的过程，整理她的衣橱，遗物，纪念品，照片以及所有背后隐藏着故事和历史的物件。

我不会告诉女儿我赢过，输过，哭过，扯过谎，也曾自命不凡。但是某一天，她可能找到一盘老的录像带，到那时，我就不得不对她说，小时候我曾自编自导自演《冷心的蛇》，还给自己颁发了奖品，一大堆曲奇饼。我想象着她的反应，和我曾经的反应一样，掺杂着自豪、愉悦，不可置信和一点点尴尬。

寻找妈妈

女儿这一生会遇到各种各样的事情，她会感觉被爱着，感觉被侮辱了，感觉孤独、自豪或恐惧。她还会感受到优越感、自怜、迷恋、聪敏、麻木、漂亮、丑陋或是肥胖。她会想和我一起呆在家里，也会想出去闯一闯，被男人蹂躏，她会感到饥渴。但是，所有的这些，我都不会直接告诉她，也不会对她说，这些感受我也曾全部经历。

　　大概在我十岁左右，我发现了妈妈的老相册，还有她的高中年鉴。照片的下面有文字记载着当时的历史瞬间："我有一大堆火柴。"对这句话，我一直都没弄懂，直到有一天看到了爸爸的高中照片，背面写着"期待被你点燃。"

　　现在，女儿，妈妈就在这里，来寻找吧，来获得吧。

学会倾听

阿什莉·沃里克

> 天赋就好像电一样。
>
> 虽不知其为何物,却广为利用。
>
> 接上电,即可点亮一盏明灯,维持一颗心跳,照明一座教堂,甚至处置一名犯人。电,都能做到。
>
> ——玛雅·安吉洛

朋友爱思特刚刚生了个头生子,卢克。早产,25周。真是奇迹,她肚子里还有一个宝宝,卢克的妹妹泰莎。如果医疗得当,泰莎可以足月顺产。一个在外,一个在内,都在为了同一个目标、同一个过程、同一个妈妈而奋斗。

得知这一消息的时候,我正开着车,去城里和朋友聚会,路两边到处是明明灭灭的圣诞彩灯。后怕和感激之情将我淹没,我突然意识到分娩的危险性。我把车停在路边,因为担心爱思特,我泪如泉涌,于是给妈妈打了个电话。她知道在这种时候该如何安慰我。

妈妈是个护士。在我出生之前她就是护士了,在一所儿童医院工作,负责照顾先天残疾的婴儿。当时是20世纪60年代,那时候医疗条件有限,没有叶酸,没有B超,没有微创手术,胎儿很容易出现这样那样的问题。妈妈照顾的对象要么心脏、血管长在体外,要么畸形、要么唇腭裂,要么脑积水,都是一些不幸而又幸存下来的婴儿。

我还没有出生,妈妈和爸爸还是新婚的时候,妈妈深深地爱上了医院里的一个婴儿。这个宝宝很漂亮,却也病得很重,可以被领养,但是当养父母得知她心脏的病情之后,就放弃了。于是妈妈成了她的临时监护人,而这个宝宝也在严密的监护下度过了人生的第一个月。妈妈现在还留着这个宝宝的照片,她给宝宝起名为凯美丽,没过多久,医生们都开始叫她凯美丽·沃里克。

凯美丽必须长到三岁才能接受心脏矫正手术,在那之前需要医疗仪器的支撑,收养她的人也必须对她的病情有足够的了解。妈妈当时25岁,她问爸爸是否可以考虑收养凯美丽。

爸爸去了一趟医院,亲眼见到了凯美丽,这个已经承袭了他的姓氏的孩子,他承认凯美丽很可爱、很漂亮。

如今我已经有了自己的孩子,我知道妈妈在照顾婴儿方面是有天赋的。妈妈也知道自己的天赋,在见到凯美丽之前,爸爸也已经知道了妈妈这方面的天赋,知道她有对弱小的偏袒照顾、对帮助他们战胜困境的强烈意愿。

我无法想象这种天赋带给妈妈怎样的自信。

我也无法想象如何对她说不。

我理解爸爸，那时候他们还只是新婚，甚至还没考虑生育自己的孩子，就来了个有先天残疾的孩子，而这个孩子注定会带来痛苦。

后来，终于有一个家庭收养了凯美丽。当这家人带着凯美丽来医院做检查时，当班的护士就会给我妈妈打电话。凯美丽没能熬过第一次心脏矫正手术，她去世的时候，妈妈正怀着我。

25岁的时候，我有了自己的女儿。出人意料，那天的分娩室格外热闹，人很多。一个实习护士，一个当班护士，我丈夫——在角落里悄悄落泪的爸爸，和妈妈。女儿出生的那一刻这群人就围在她身边，妈妈是第一个看到她的，只短短一瞥，妈妈就说：

"哦，上帝啊，弗兰克，好像有问题。"

我当时并没有听见妈妈这话，就是听见了也没关系。他们把宝宝抱给我，现在我能看见她的小脸儿了，相当清楚她没有问题，从来都不可能有问题。这是一种不可明喻的自信，她和我很早就有沟通，我们通过食物、呼吸和血液早就在肚子里交流过了。这种纽带一直持续到她整个婴儿时期，直到我们可以用另一种方式——语言进行交流。但是，女儿出生的那一刻，妈妈想到了另一种可能，瞥见了一丝黑暗，她还是情不自禁地把自己当成了护士。

天赋，是如此的由不得人。

但是妈妈的天赋，你可不希望她发挥在自己身上。分娩室里发生的一幕让我现在想起来都很抗拒。不是因为她说过的话，也不是因为她弄错了，她害怕了。而是因为她已经做好了出问题的准备了，因为她知道一旦出了问题该如何应对。

女儿如今已经十岁了，性格活泼，创造力强，没什么自我意识，喜欢成天到晚说个不停。她喜欢说啊说啊，却对倾听不怎么感兴趣。有时候，我想起她出生时小脸上的表情。当护士把她抱给我，我知道，我就是知道，她好得很。好怀念那时候我们之间无言的交流。有时候，我想起妈妈和她的凯美丽，想起妈妈的天赋和凯美丽对这种天赋的依赖。我愿意相信母亲和孩子之间的这种无言的纽带不是生理上的，而是一种特殊的语言，需要特别倾听的语言。

女儿学校的大提琴老师说，女儿可以私下学习专业的大提琴课程。那天，我听着她练习《玛丽有只小绵羊》。她是那么聚精会神地拉着琴，摆出标准的演奏姿态，嘴唇在喃喃蠕动。起初，我以为她在跟着曲子唱歌，但是偶尔入耳的音符名称让我意识到，这是一种我无法理解的音乐感悟。拉完了，女儿把下巴贴在琴弦上。我问是不是克拉克老师教她这种默念的。她说没有，只是她自己的一种习惯。在演奏的时候，她是那么自然、那么沉浸，不禁让我想到，大提琴也许就是女儿的天赋，等哪一天，我得和她好好谈谈这件事。

对于大提琴，我一无所知。我是听着乡村音乐和西方古典音乐长大的，约翰尼·卡什，洛丽塔·林恩和斯塔特勒兄弟*什么的。我的父母从没听过音乐会，但是他们坚持给我和兄弟姐妹们上钢

---

* 以上都是著名的美国乡村音乐家和乐队组合。

琴课，坚持了十年之久。

我十岁那年，上过水彩绘画课、溜冰课、芭蕾课、踢踏舞课、游泳课、网球课和高尔夫球课，在学校乐队里唱过歌，打过手铃。妈妈说我们兄弟姐妹们谁要是表现出对某一方面的哪怕一点点兴趣，她都会给我报名参加兴趣班。她带着我们参加各类活动、游戏和聚会，在我们身上花了大把的金钱和时间。她常说，说不定我们哪天就会表现出某方面的天赋来了，帮助我们找到自己的天赋对她来说是很重要的责任，无论是手铃还是踢踏舞。

所有这些，我最喜欢游泳。

我女儿上的是艺术学校，那里有大提琴课程。她的朋友们学的都是小提琴。我让她选择大提琴，因为自己受不了小提琴初学者制造的噪音，她也没反对，因为学大提琴也可以和小伙伴们在一间教室里上课。学大提琴，是一种为了方便的安排。即便如此，当接到大提琴老师的电话时，我仍然很激动，好像女儿已经长成了一个能上台演出大提琴的优雅姑娘了。要相信自己的女儿是无与伦比的，对一位母亲来说是一件再容易不过的事。

我的丈夫觉得也许克拉克老师只是需要乐队里能有一个拿得出去的大提琴手罢了，而我们的女儿是整个四年级里唯一学大提琴的学生。

我问女儿，正在学拉什么曲子。

"蝙蝠侠。"她说。说话的时候正在喝热巧克力上的泡沫。"这曲子挺酷的，我有好多独奏的机会。"

"蝙蝠侠。"丈夫向我眨了眨眼睛。

"只有我和钢琴,"女儿接着说,"小提琴最后才有。"

我问她是不是真的很喜欢大提琴,明年还选不选,得到了肯定的答案。但是明年她还想学如何使用筷子,学习双杠,还想养一只仓鼠。

我看着女儿,看着她漂亮的蓝眼睛和深深的睫毛,看着她谨慎矜持的微笑。喝完了巧克力,女儿就跑去自己房间了,沉浸在自己的小天地里、自己的图书中,沉浸在桌子上的手工、陶土和一大堆幻想人物中,直到晚餐我将再也见不到她。

她那么特别,每天都带给我惊喜,她就是我的信仰,除此无他。

学校春季公演的时候,我们都去听了《蝙蝠侠》。有唱歌,有跳舞,还有短剧,轮到弦乐表演的时候,舞台升了起来,大家都能清楚地看见自己的孩子。女儿在舞台的右侧,聚精会神地看着克拉克老师。为了独奏她已经完全准备好了,不管之前我已经多少次听过这首曲子,当女儿慢慢奏响前奏的时候,我还是不可抑制的激动万分。

春季公演前的几周,女儿放学回来,坚持想要个竖笛。一个半透明的蓝色的竖笛。我问是不是克拉克老师要你改学竖笛啊。

"不是的,这是音乐课要用的,其他人都在学,我们可以用学校的竖笛,但是普尔老师把公用的竖笛放在洗碗机里。"

"放在洗碗机里?"

"是啊,每次吹的时候都湿湿的。"

我都能看到公共竖笛上的口水了,但是有必要买个竖笛吗?竖笛初学者制造的噪音比小提琴也好不到哪儿去。

我看着她的小脸,上面充满了恳求的神色,还说会用自己的钱买竖笛。我知道如果是我妈妈早就给我买下一打竖笛了,她会说,没准她就有这方面的天赋呢。

"你为什么要买竖笛?"我问。

"我就是想啊。"她说,再没其他的理由。

大学里,我开始创作自己的第一本小说,妈妈特别支持,同时却也很现实。她知道靠写作为生是很艰苦的,有时候要成气候需要几十年的积淀。她很担心成功前的时间我该如何度过。直到我毕业的那一天,她还在劝我,想要改行当个护士还来得及,护士是个稳定的工作。

妈妈读着我的第一本小说的时候,有些困惑,不知道我写的这些东西到底是从哪里来的。有些内容就发生在她的生活里,爸爸和祖父在南加利福尼亚有个葡萄园,我拿来用作了小说的背景。但是那个不肯脱下婚纱的老姑姑是哪里来的?那个主人公一直暗恋的叔叔是从哪里来的?谁说起话来是这个样子的?

我自己也不知道。

那本书里,主人公的妈妈和我自己的妈妈相去甚远,那是个情感脆弱、幼稚的女人,一直和自己的父母住在一起,一生需要别人帮携。我不知道为什么这种类型的妈妈让我起了兴趣,这种类型的妈妈和我的妈妈正好相反。

我第二本小说里的妈妈由于悲伤而崩溃，第三本小说里的妈妈一早就去世了。即使在这篇散文里，在记述自己真实妈妈的时候，也蒙上了一层创作的面纱，为了文章的主题，有意挑选记忆里的细节。我自问，这与重新创作一个妈妈到底有多少不同，答案当然是没什么不同。我就是对文学创作很在行，虽然不知道为什么，但是我就是知道该怎么做。

当妈妈读到这一段的时候，她一定是明白的。

身体还记得

露西卡·奥尔思

> 音乐和节奏自有办法深入灵魂深处。
> ——柏拉图《理想国》

今晚是狮子座流星雨的第一天,也是我女儿杰茜出生一周年纪念日,是谁给了她生命——我并不知道。一个11月周日的清晨,菲律宾马尼拉,一个年轻女人在军营旁边的贫民窟发现了她。我愿意想象当时,在我女儿孤独地躺在野外的几个小时里,天上下起了流星雨,只为庆祝她的降生与获救。

几乎一年过去了,杰茜才真正成为我们的家庭成员。

现在,她马上就要过20岁生日了,对她来说,生日前的几天一向都不太好过。我说,这可能由于她的身体记得最初的那几个日日夜夜。刚来到我们家的那几天,她也是不停地哭。在杰茜很小的时候,我就对她说,她的亲生母亲生她的时候太年轻了,根本养不起孩子,她没有被抛弃,而是因为那个女人买不起奶粉。

（那时候在马尼拉，感谢奶粉商人漫天漫地的奶粉广告，女人们几乎都不母乳喂养自己的孩子。）更别说孩子的小衣服、小鞋子、玩具和学龄教育了。我的这些话基本就是事实。在菲律宾没有任何生育控制，妇女怀孕年龄平均低于19岁。杰茜听着这些她能理解的理由和例子，明白有时候一个聪明的女孩儿也要面对无法选择的难题。有一次，快到14岁生日的时候，杰茜听着我这些老生常谈，声音里透着担忧地问："你觉得她有足够的钱养活自己吗？"

那个女人（我尽量不用亲生母亲这个字眼），我说，现在也长大了，也许还进了学校。我想杰茜当初被放在那个贫民窟某个公认的善良诚实的人家门口，说明这个女人也许是那种每天早上六点出门上班的女人，在马尼拉金融区某所商务大厦当看门人，赚钱来赡养父母和她的兄弟姐妹。被逼无奈，她还是没有为了钱把自己的孩子卖给商业机构，她会耐心地寻找一家愿意接受新生儿的孤儿院或医院，最后，她把杰茜留在了那家人门口。

我们住在马尼拉五年，离开那里之前九个月，收养了杰茜。漫长的收养手续结束后，我去拜访了那位发现杰茜的女人，我要亲自谢谢她。我们从收养文件上看到了她的名字，住址和工作地。

我来到了她工作的地方，位于马卡提市商务区的一所办公大楼。她被叫到了老板办公室，她在这里负责保洁。她很紧张，坐在椅子的边上，起初都不敢直视我。她会说一点英语。我们很快就要离开这个国家，搬回华盛顿了。我仔细的记下她的长相，而且特意确认过她不是杰茜的生母，虽然法律文件上明确注明了她不是。我想问问她都知道些什么，知不知道杰茜的生母可能是谁，以防杰茜长大以后想找到自己的亲生母亲。她的老板帮她翻译，我的塔加拉语表达不了这么复杂的意思。我不知道该不该给她一些钱作为感谢，不知道会不会被视为侮辱。

"你需要帮助吗？"我问。

"不需要，太太。"她回答。

我给她看了杰茜的照片，有一张照片上面有我们的两个儿子，一张有我们的拉布拉多犬。"您做了一件大好事，谢谢您，谢谢。"

"我想养着她，但是我养不起，"她说，"邻居告诉我该把她送到孤儿院。"

"你找到她的那个晚上，具体情况是怎样的，还记得吗？"我问。我只记得那段时间一直在下雨，晚上很凉爽。

"那天晚上天气很晴朗，凌晨五点我出了家门，天刚蒙蒙亮，阳光是金色的，早上天上有粉色的云。在我们家门前，货车里有一个小婴儿，头发已经干了，睡得正香。"她说。

20世纪中期，我又回到那所孤儿院。孤儿院重建了，离马尼拉更近。我去菲律宾看了几个老朋友，为新书做调研。我带了杰茜的照片，送给孤儿院作为礼物。一张照片上，杰茜穿着黑白相间的外套，带着黑色平绒贝雷帽，抱着一只胖的要命的橘红色猫，我们叫它"布克"，在塔加拉语里的意思是小椰子。前台的女人说："洗衣妇是这里的老人，把照片给她看看，她应该还记得你的小姑娘。"我来孤儿院的后院,树荫下坐着一个老妇人,小小的棕黄色的身体,皱纹多得像一片烟草叶子,正在搓洗一堆衣服,旁边放着一个长条肥皂。我给她看照片,告诉她日期,"你们在这里叫她玛丽,"我说。她记起来了,"这个小姑娘当时和一个男孩子睡一张小床,他们很喜欢对方,互相做伴儿,把一个抱起来,另一个就哭"她说。这些我并不知道。杰茜当时六岁,不知道那个男孩子怎么样了。我把这张照片送给了老人。还给老人照了一张照片,她穿着蓝白条纹的裙子,坐在一堆篮子中间,我打算回家之后把照片拿给杰茜看。杰茜看过之后果然很高兴,我猜是因为有人还记得她,而且是一个长得像姨妈一般的人。

杰茜回过马尼拉两次,一次是五年级,一次是六年级,和她的爸爸——我丈夫一起。第一次,我还很担心,她可能会寻找她的生母,仔细辨认每一个遇到的女人的脸。我把这个忧虑告诉了心理医生,每个人都那么友善,杰茜是那么可爱,要是她觉得哪个女人就是她妈妈,然后就此消失不见了怎么办?

但是杰茜并没有寻找妈妈,她爸爸带她去过几次贫民区,那是她本来有可能生活的地方,杰茜都很紧张,不愿意四处看看,急着离开。

如果我们有可能找到杰茜的生母,事情会变成怎样呢?对于那个年轻的女人,可能是个非常年轻的女人,我可能会觉得有义务为她做些什么。我们曾经资助过一个孩子直到她完成大学教育,在马尼拉,学费很便宜,我希望有可能帮助这个女孩获得一些教育,给她多一些的选择。

在家里,杰茜很喜欢吃菲律宾食物,比如鸡肉阿斗波[*],我们还经常听菲律宾歌手的歌,比如弗莱迪·阿奎勒。

当进入青春期(有一次在学校的停车场,我在杰茜面前说过这个词,她让我千万别在她同学面前用这个词)之后,杰茜开始有了烦恼。她开始意识到怀孕、生孩子和放弃一个孩子的事情,我觉得她现在还没有想开,她放不下,也许永远放不下。

十年级的时候,有一次我把她抱在腿上,坐在摇椅里,一起看一张放在相框里的照片,照片是在她一岁生日时照的,那时候我们在马尼拉,刚刚收养杰茜才几个星期。(那时候的小杰茜特别不安分,不喜欢被抱着,不喜欢安安静静地,我们所做的还没有完全弥补她受的伤害。)

我对杰茜说,来,看看这个小婴儿,还不会拆开生日礼物呢,如果她做错了什么,你怎么能对她说,你不好,你做了不可原谅的事情。你忍心丢弃她吗?

"不会,当然不会。"杰茜回答。

"对啊,对你也是一样的。如果你做错了什么,你有很多次机会改正,对自己好一点。不如这样吧,你把这张照片带到学校去,放在柜子里,每次打开柜子门,你就看看她,告诉自己对她好一些。"

杰茜这么做了。上一次我去她的宿舍,还看见了这张照片。

---

[*] 菲律宾的国菜,将肉、蔬菜或海鲜放入含香料和大蒜的醋中浸泡,味道可口。

这张照片陪着她一路走来，照片里的小姑娘在守护星的保佑下熬过了来到人世间的第一个夜晚，熬过了第一年。

杰茜为我们本地的开端计划*做过好多年的志愿者，初中的时候就开始了，她好像跟小孩子特别亲密。今年夏天，她要到新墨西哥州的幽灵牧场**做儿童顾问，她主修儿童心理学。

她一定继承了亲生父母的某些特点，这些特点时不时地显现出来，比如她的舞蹈天赋，比如她的笑容。杰茜学过好多年的芭蕾舞，我和丈夫有一次看她演出，她是主角。有一个动作，杰茜举起手，迅速地翻动着手掌。我和丈夫惊讶地对视，这是个典型的菲律宾舞蹈动作。她从没学过这个动作，这是身体的记忆。

我有一个叔叔，可以叫出天上所有星星的名字。几个月前，他来我们家住了几天，他很喜欢那晚的星空，于是说起了"春季大弧线"***。长大以后，我就再也没想过星星的事儿了。我的这个叔叔是爸爸最小的弟弟，比爸爸小十五岁，比我大哥才大八岁，小时候，他是我们家的常客。那时候他就很有科学家气质了，从他的陪伴中，我得到了很多安慰，他对星空，对宇宙，对人类起源的解释与我上的路德教会小学所教授的是那么的不同。我更愿意相信

---

*　开端计划，Head Start，是美国联邦政府对处境不利儿童进行的教育补偿，以求教育公平，改善人群代际恶性循环的一个早期儿童项目。

**　新墨西哥州享有盛名的恐龙化石遗址。

***　"春季大弧线"是在天球上春季星空中想象出来的弧线，由位于大熊座上北斗七星的杓柄三颗亮星（玉衡、开阳、摇光）延长到牧夫座的大角星（Arcturus）、室女座的角宿一（Spica）及乌鸦座大约HD109238之位置，这一巨大弧线就是所称的"春季大弧线"。

人类是独立的，属于旋转不止的银河系中的一部分，总比相信上帝无时无刻盯着我们每一个人要好。拜访祖母的时候，温暖的夏季夜晚，我常常跑到户外，仰望朗朗星空，我就知道自己的位置了。看着星空，我就永远不会迷失。我知道北方，北极星所指的方向，我能找到"春季大弧线"，指得出星空中最亮的六颗星星。我还知道哪颗星星在哪个季节才能看得见，知道火星为什么是火星，金星为什么叫金星。冬季里，我就寻找猎户座和七姐妹。

每个人都有自己的许愿星和守护星，这些星云由冰和热组成。我们拥有整条银河可以用来幻想。我女儿的守护星每到11月都会从空中划过。我深深地感激这些星星，是她们守护了杰茜来到世界上的第一个夜晚。

妈妈的约会建言

奎因·德尔顿

> 想起女儿，我的心便放松下来。
> 无忧无虑的她斜靠着窗边的墙，长辫子铺散在窗台上。
> 生活的沉重正慢慢向她靠近，
> 但她是如此强大，我相信她能够应对自如。
> ——摘自卡罗琳·威廉姆斯的《长发公主的妈妈》

关于规矩

十年前，当15岁的我第一次和男朋友约会时，妈妈就给我定下了几条明确的规矩。第一，男孩子要走到门口来接我，而不是把车停在路边，坐在车里等着我走过去。第二，约会的时候，由男孩子付钱。第三，女人不给男人打电话。

早在《规矩》这本约会宝典出版之前，这些"规矩"就已经众所周知并且被广泛运用了,有些人甚至买了蛋形的计时器,就为了防止自己和男人通电话超过十分钟。

但是,这些规矩对我没什么帮助。第一,和我约会的男朋友害怕我的父母,从我个人的角度来看,我爸妈都是非常好的人。但是,我们这里所说的是高中男生,所以他们就是要在路边按喇叭。第二,在我们念的高中,在校外实践时我们每人都是每小时赚三块三毛五,男孩子哪里来的钱为晚餐买单?第三,也是最困难的一条,我从不指望男孩子主动打电话给我。我和你认识的女孩子不一样。我不可爱也不妩媚。内心深处,我始终认为自己需要靠会说话,会穿衣和相当一些幸运才能赢得男孩子的心。他需要被勾引,我需要主动给他打电话。总之一句话,男人是一种工作。

这就没问题了。工作很好,我很会工作。我其实就是工作至上主义者,充分浸透了成就和争取的文化实质。

问题是,当我做好了约会的充分准备(或者是说服了男孩子来约我),我和妈妈开始互相质疑。很简单,我觉得她要毁了我的生活,她觉得我会毁了我的生活。这片阴影几乎覆盖了我们之间的一切,特别是我的恋爱生活。

父母不喜欢罗杰特做我的男友,我们叫他 R 好了。他们觉得他粗鲁又阴郁。他们是对的,我也发现了他的缺点。但是当时,他们的反对反而让我觉得 R 很有魅力,这很正常。不正常而且很悲哀的是我对 R 的沉迷程度。基本上,我把自己的幸福全部交到了他的手上，失去了自我。如果不是和 R 在一起，我基本上就不是我自己了。我的一部分休眠了，只有这个男孩子是激活我的钥匙。

不仅因为这是我的初恋，还在于我对男孩子重要性的认识。和女孩子们在一起是一回事，但是如果男孩子也加入进来，才叫真正有意思。（当然，至今我还跟高中的闺蜜们有着频繁的联系，经常飞越整个美国去参加闺蜜聚会，结婚、离婚还有孩子，都能使我们团聚。但是和高中的男性朋友，更别提男朋友了，如今没有一个还保持着联系。）我是从什么时候开始以男孩子的人数来衡量夜生活好不好玩的？我不知道，但是我知道自己确实这样，而且这种状态持续了好长一段时间。

那么，你知道了，我并不明白爱情是算计不来的，还认为妈妈想毁了我的生活。那时候，我重男轻女，这简直就是心碎的导火索。

心碎，后来被证明是家常便饭。

从 R 出现在我们家客厅里的那一天算起，七年五段恋情，我只知道一件事：我使自己陷入了烂泥，失恋就意味着心痛。我后来总结自己的问题所在，并不是对男人的渴望，而是害怕身边缺少一种叫作"男朋友"的人。可以这么说，我害怕孤独甚于害怕心碎。我决定改变这种状态，不再强求。

那段时间，我虽然仍旧出去约会，但是会独自回家。我开始花时间思索为什么我在两性关系中这么没出息。我拥有特别棒的女性朋友，在她们面前我不吹嘘，不耍脾气，不隐瞒自己的情绪。

但是在男人面前我为什么会这么做呢？

当然，人们要想责怪谁的时候，妈妈往往是最好的靶子。但是我却不能责怪我的妈妈，她没说要我成为受气包，她反而经常说："别当个受气包！"这点我记得特别清楚。我们暂且称其为第四条规矩。她经常说生命不仅仅限于找到一个伴侣，她还向我保证绝不像别的妈妈那样催着我结婚生孩子。她希望我拥有自己的生活，还经常提醒我作为不需要靠男人而生存的一代女人是多么幸运。

但问题是，我当时一点儿也不相信她。我不信她，也不让她知道我不相信她，因为那会很尴尬。我不想让她知道我正朝着受气包的方向大步迈进，不想让她知道我是个想要被男人爱想到快疯掉的女孩。女强人怎么生出了我这么个脆弱的女儿？当我没在写一些烂东西的时候，就一遍一遍问自己这个问题。我写的那些东西根本算不上小说，只不过是我那些失败恋情的幻想再续，是心脏起搏器的电源。

但是，我猜，写过的那些东西还是有一定心理治疗作用的，因为，慢慢地，摸索着，一个月接着一个月以后，我感觉好多了。又过了一阵子，我觉得独自一人不再代表孤独。

大卫和我在同一所大楼里上班。我知道他喜欢我，已经有几个月了，但是不知道为什么他没来约我。过去的我很可能会主动一些，没准早已经开口约他了。但是现在的我很放松，眼光也高了。最后，他请我吃午饭，然后是晚饭。我们第二次约会的时候，吃过晚饭我们在公园里散步,看萤火虫在树林里飞来飞去。我们一边喝啤酒一边聊天。他无意中说了一句话:"别人对你好,你就要对别人好,不然太没道理了。"于是我决定暂时留在他身边,看看他到底像不像嘴上说的那么好。

对我来说,从没尝试过这么挑选男人。如果我们之间没有进展也没什么,我不会去乞求。我知道再约会几次,无论结果如何我都能接受。于是,我知道自己是真的改变了,我真的在以成年人的方式谈恋爱。

第二年秋天,我嫁给了大卫,事实证明他的可爱不只体现在口头上。12年之后,我37岁,我们两个已经生了两个女儿。

但是还不到说"从此以后幸福地生活在一起"的时候,策划婚礼那段时间我们经历过一点儿磨难。我父母还没见过大卫和他的家人,双方决定在近期见个面。我说想要唯一的弟弟当我的伴郎,父母很讨厌这个主意,他们怕弟弟被人认为是同性恋。我试图在电话里说服他们这不是问题。

"看,"我最后说,"这就是代沟。"

这是"过时了"和"顽固不化"的委婉说法。有那么一刻,我感觉到了内心深处那个渴望自由的15岁女孩儿复活了,我想亲着她的额头,然后大笑。"你以为18岁就能自由了吗?哈!"但是,后来我妈妈却对爸爸说:"亲爱的,我觉得她说得也有道理。"我目瞪口呆,赶紧去喝了一大口葡萄酒。

如果在我念高中的年纪,你问我父母对我将来和男人约会有什么期待，我会说他们只是理论上希望我约会顺利，其实他们觉得约会太危险了，最好不要约会。但是，现在作为一个成年人，我明白他们只是想保护我。

"谢谢你，妈妈。"我说，"嘿，你知道吗，大卫觉得这个主意不错。你会喜欢他的，他经常给我打电话，而且从来不在车道上按喇叭。"

这是我和妈妈的暗语，我想让她知道我不仅仔细挑选了男人，而且还运用了她传授的技巧。这就等于主动伸出了和平停战的橄榄枝。

重温规则

如今，我和大卫眼睁睁地看着把车停在路边的男孩子按喇叭召唤邻居家十几岁的小姑娘，我们同时也看到了不远的未来，总有一天，我们自己的女儿也会长到约会的年龄。我曾认真考虑过买一把枪，不买子弹，没事儿的时候坐在门廊上擦擦。我那97岁的前牛仔爷爷一定会为此骄傲，但我怀疑这么干能不能起作用，能不能防止女儿那不可避免的心碎。

事实上，我不认为防止女儿心碎是我的义务。我只负责告诉她们什么是对，什么是错，还有就是要自尊自爱，不要过于沉溺。也许我会告诉她按喇叭这件事可以用来检验男孩子的人品，不用因为这件事分手，但要作为信号来提醒自己更加注意观察对方。

我女儿将来肯定能赚钱养活自己，对于谁来买单，谁给谁打电话，就是他们自己的事了。我希望女儿们有点儿反击的本事，最主要的是相信自己，就现在看来，我的女儿们还是挺不好惹的。

但是，除此之外我还能做什么呢？还有什么能确保她们既独立又安全呢？估计也没什么了，因为我不想让女儿们觉得我困住了她们、不信任她们。上帝啊，我很不理解现在的世界。也许，我该停止瞎操心，也许，代沟是永远无法填平的。

对孩子来说，我可能是个比较酷的妈妈，弟弟有一次想要摆脱游泳圈，偷偷溜进水里，妈妈发现后吓了个半死，我觉得如果我是妈妈，我会让他呛一两口水，等他不咳嗽了，我会说（当然是特别酷的样子）："知道了吧？"

但是，如今我明白，酷妈妈不是那么好当的，因为父母有父母的担忧。孩子刚会走路，你就跑前跑后，像个保镖一样害怕他们磕了碰了，有那么多已知的和未知的危险，你得靠想象来预防，但又怕有的危险自己根本想象不到，或是根本没来得及想。我还记得15岁有一次在湖边野餐，妈妈唠叨个不停，让我烦不胜烦，我可能溺水，可能被不远处的那匹小马撞倒，可能被好多东西咬到，我不能理解，不知道我的平安就是她生活的关键。小心哪，小心，永远要小心。没有你，我虽然还活着，却更希望自己死去。现在，我彻底明白了这种心情。

作为女孩儿，我知道安全不只是系好安全带或防止天气突变。对于女孩儿，安全还有另一层含义：不要在错误的时间出现在错误的地点，不要被袭击，不要消失掉。男孩子有可能遇到车祸，或在一场斗殴中被害。我认识的又有儿又有女的父母说担心男孩儿和担心女孩儿完全是两码事。我觉得我也不会例外。

有意思的是，我对女儿的第一波担忧就发生在把她从医院带回家的第一个晚上，与死亡完全沾不上边，我的担忧是约会。我坐在门廊的摇椅里，女儿躺在我腿上，她的小胖腿蹬着我的肚子。我还不太会哄她睡觉，我们俩都困得直流眼泪。她昏昏沉沉地哼哼，力道十足地抓着我的手指，我细细地盯着她红红的脸蛋儿，想象她长大以后的样子，女孩儿，女人，我想象着她走过学校的走廊，胸前抱着几本书。眼泪不知不觉便流了出来。

看哪，我的女儿，一个新生的小人。她不知道什么是语言，什么是星星，什么是巧克力，什么是心碎。她愣愣地看着我，又好像看着远方，也许她是知道星星的。但是她怎么学会托着下巴思考的？怎么知道如何善待自己？如何面对孤独？有人伤害了她，哪怕只是不特别尊重她的时候，我怎么才能克制住杀人的冲动？

每天，我都想些类似的东西，而女儿还只有七岁。我想破了脑袋，利用各种机会暗示她将来该如何约会，又不能让她听出来我是指约会。

比如，她说马路对面那个男孩子有了新朋友就不理她了，于是我给她买了好多彩色冰棒，没有一会儿，对面的男孩子们就跑过来了。我仔细观察着他们的一举一动，一有不妥，就马上干预。过后，我告诉女儿，有时候自己玩儿比跟不怎么和善的人混在一起要有意思得多。我还告诉她，你一转身走开，男孩子们就跟过来了。但是不管怎样，跟过来还是扭头走开，都是人家的自由。重要的是，不要死皮赖脸地黏着，而且还得不到好脸色。天涯何处无芳草。后来，我听说她不和谁谁谁玩儿了，因为她现在和谁谁谁是好朋友了，于是我提醒她想想马路对面那些男孩子们，本来还和她特别铁，转眼就伤害了她的感情。我说，不管你跟谁走得更近一些，都不要冷落其他的朋友，他们也需要你。看吧，不是关于约会的，却胜似关于约会的谈话。

那么关于性呢？小女儿出生的时候，大女儿问我：小妹妹是怎么到你肚子里的。很幸运，有个好朋友告诉过我该怎么回答："这个年龄的小孩子，你给他们讲什么是性，他们只会觉得无聊。所以，先只告诉他们一点儿，然后看看他们是不是还想继续听。"我按照朋友的建议做了，然后女儿问我她可不可以吃饼干。所以，我每次只说一点儿就可以了。

就这样，我试着，一点点地和孩子们分享我的约会经验，一点点儿解释人体的机能构造。解释什么是性，比解释什么是政治要容易多了。现在，我已经开始给她们讲，什么是应得的善意，什么是不值得的忍耐了。

海滨一天

卡罗来·法雷尔

> 我的小苏珊,哥特坎德家的小苏珊,我的小心肝儿,
> 妈妈的可爱娃娃,你是妈妈的小甜甜。*
> ——摘自外祖母在妈妈出生日写的诗

那是她最喜欢去的地方,她喜欢带着我,带上所有的东西和阳伞去的地方,不久之后夏日里,一有空闲她就带上我的弟弟妹妹(我们很快都陆续来到了这个世界上)去的地方(虽然她的一生中很少有空闲)。她会先开车送爸爸上班,然后开车回家接上我们,然后再开上三四英里,来到大南湾的阿米提维尔沙滩,那里是距离妈妈的童年最近的地方,她从小生长在德国的黑肯多夫,那片远隔重洋的海岸离她是那么遥远。

母亲是几年前来到这里的,从家里逃出来和父亲结了婚。父

---

* 原文为德语。

亲是来自北卡罗来纳的黑人，像其他家族成员一样，他不怎么在意海水。阿米提维尔海滩在北阿米提维尔的正南，1962年爸爸带着妈妈和我离开了布鲁克林搬到了这个社区袋底的房子里[*]。就这样，在这座房子里，我妈妈，22岁的年轻妇女开始了艰难的生活历程——打扫、烹饪、园艺、照看孩子、维修房屋、憧憬和梦想。她很高兴离开了纵横交错、繁华吵闹的布鲁克林。在乡下，她能实现她的梦想——为人妻、为人母。但是，成为黑人社区里的唯一白种陌生人可不是她梦想的一部分。

她没什么朋友。但是，她有我。

鲍勃，我那阴郁的，有时甚至是反社会的爸爸，早晨出门上班，是附近一家航天工厂的机械师。他每周交给妈妈一笔生活费，作为回报，希望看到一个干净整洁的房子、可口体面的三餐和感恩的态度。在家的几个小时里，他埋首于地下室的工作间；有时候开车带我们去长岛满是树的公园。我们离开车子总超不过几分钟，我们只是坐着马车走上一圈儿，然后开车回家。到家后，妈妈会把我放在地上的一个篮子里，然后着手做晚饭，清扫厨房，哄哄我，清扫地板。

在这所房子里，有一个小小的秘密。

早些年的时候，那时我是妈妈的第一个女儿，当妈妈不做家务、不亲我的脸蛋、不逗弄我的小脚丫的时候，她会花大量的时

---

[*] 袋底的房子：在小街道的最里面的房子。

间寻找她的妈妈从德国寄来的信。怨恨也好,后悔也好,这些信是妈妈在北罗那德大街上的刺耳安慰。信里求妈妈回德国去,求她从爸爸身边逃开,求她想想自己的根,想想从小生长的大庄园,那些骏马。还记得她赢的骑术比赛吗,她的奖牌?有没有想过弟弟们的前程,她把自己降低到如此的境地,让他们怎么在骑术界出人头地?

如此的这般,这些问题永无止境。当妈妈开始回复这些信件之后,来信里就出现了大盘的磁带。对于祖母的声音最早的记忆就来自这些磁带,来自她对妈妈的乞求。

是沙滩上的沙子和温柔的波浪,还是身为人母这个简单的事实,拯救了被困在生活里的妈妈吗?

我的孕期如此痛苦,经常晕厥,直到1965年第三次怀孕医生才发现血红细胞含量过低。和你在一起之后,我经常晕倒,极度贫血。而且妈妈的来信总是让我泪水涟涟。你爸爸总把这些信藏起来不让我看,他一直在照顾着我。

第一次怀孕,我总感觉痛苦。后来,羊水破了,却不是分娩。到了医院,必须引产,真是可怕极了,漫长的生产整整延续了一天半。后来的日子里,医生把你带走了,放在一间屋子里,屋子始终关着门。

爸爸从没和我们一起去过海滩,也几乎没到过阿米提维尔和约翰湾(从小到大,因为妈妈的关系,我一直管哪里叫"儿童沙滩"),没去过罗伯特穆司——火焰岛的尽头。晚年,我和妈妈经常散步,一路走到那里。一路上,我会哭诉自己的感情遭遇,妈妈则会聚精会神地倾听,温柔地提供建议。妈妈相信我们面前的海浪里有令人重新振作的力量,海滩的空气是那么清新。1977年,妈妈和爸爸离婚了,整个夏天我们都在海边度过。无论过去还是现在,我都想问问她爸爸为什么这么不喜欢大海。难道是北卡罗来纳世代相传而来的基因,是非洲坐船而来的奴隶祖先们留在血液里的厌恶?还是因为大海使他想起了妈妈的妈妈,那个喊警察来抓他,那个乞求他们结束婚姻的女人?妈妈知道答案吗?也许她知道不止一个答案,我不记得了。

当我还是个小婴儿的时候,妈妈总是小心翼翼地抱着我,把我架在海面上,让我"游泳"。然后回到沙滩上享受一片面包和奶酪,她会伸头看看摇篮里的我,她喜欢把摇篮直接放在沙滩上。过了一会儿,她把我抱起来,躺在沙子上休息。她穿着连体游泳衣,头上裹着丝巾。透过大南湾,她的目光越过海洋。家就在前面的某个地方,在那些波浪之后。

无论她走到哪里,沙滩都是珍贵的安慰。

过去,女孩子都结婚比较早,而且马上就怀孕了。你生下来的时候,我真是太高兴了。但是,在医院的产房里,我对你爸爸说的第一句话却是:我再也不想生了。

不像今天这样，那时候在医院里母亲看不到新生儿，因为医生要求做妈妈的休息。出生一天之后，孩子就交给了护士，你甚至不能给自己的孩子换尿布。我唯一能做的就是透过窗户看他们喂你，给你换尿布。

我记得把你接回家的时候，鲍勃把你举在半空中，说："你是个奇迹，是个奇迹。"他完全被你迷住了。

你是个特别可爱的孩子。但是基本上没有人帮我，爸爸有时候会看着你，偶尔抱抱你，也就这些了。还记得我是那么需要睡眠，你出生之后一个月，我得了牙周炎，胸部也感染了，无法喂奶。但是你拒绝喝奶瓶，你尖叫，哭喊。我不得不用勺子一勺一勺喂你。

第一个孩子：一个女孩儿，皮肤如沙子般明亮。妈妈是第一批搬到北罗那德大道的居民，那时候她还不怎么会说英语。她那么想被社区里的其他妇女接受，她们之中很多人都离家在外工作，我爸爸管这叫真正的工作。社区里很多妈妈们都没有结婚，虽然他们的男人就住在同一个屋檐下，有些人记恨妈妈的完美生活（漂亮的花园，漂亮的宝宝，过度保护的丈夫），她们在妈妈背后叫她灰姑娘。

长岛的夏天热得不可思议。人们渴望冷饮、电扇、空调和带空调的汽车。妈妈把我的摇篮放在爸爸旅行车后座的时候，路过的妈妈们会屈尊朝她笑一笑。我们于是便驱车前往海滩，即使是阴天，闷热让人不堪忍受的时候，社区里的其他妈妈们穿着黏在脚上的塑料拖鞋，躲回阴凉的客厅。

但是我的妈妈孤独而沮丧。即使有我，她生命中最精彩的部分——阅读祖母的来信也从不轻松。1963年，我一岁了，妈妈决定邀请祖母到美国来，看看她的家，她的成绩。她的小小花园怒放了，她的房子干净得闪闪亮。而且，她又怀孕了，我的妹妹。这里的生活并不总是坏的，但是在德国生活曾坎坷艰辛。

和不情愿又愤怒的爸爸去祖母下船的码头的路上，妈妈依然坚信祖母会改变的，毕竟谁能抵抗得了小孩子甜美的小脸儿呢。

1963年，她乘船到来，我把宝宝送到她的怀里，于是她的种族主义彻底消失了。她是一位真正的祖母，但是她与孩子的爸爸还是没法和睦相处。

比如，看到我们在阿米提维尔的房子、花园和宝宝，她大喊："上帝啊，看看他让你住的是什么。"很显然，她在拿我们的房子与德国的穆森庄园做对比，相比之下，北罗那德大道57号简直一钱不值。她忘了离婚后我们在黑克多夫的小房子了，她忘了地下室里的厨房潮湿阴暗，橱柜里有蜥蜴在爬。现在她却来嫌弃我的下嫁。她总是谈起郝克，我弟弟，谈起德国。在她眼里，嫁给一个黑人简直就是犯罪。

但是，你，宝贝，永远是世界上最可爱的。

来到沙滩，人们聚拢过来纷纷议论她的宝宝有多漂亮。但是后来，当她带着三个宝宝而不是一个来到沙滩的时候，小年轻们开始管她叫"爱黑鬼的"。

你还记得比尔叔叔吗，鲍勃的继父，那个酒鬼？好吧，有一天他对鲍勃说你的肤色太浅了，鲍勃也许不是你的亲爸爸。鲍勃还真的怀疑了一阵，我真是伤心透了。如果今天，我丈夫问类似的问题，我会毫不犹豫把他踢出去。

但是，我喜欢把你放在摇篮里带出去。这是鲍勃为我做的唯一一件好事，给我买了一个漂亮的摇篮。我喜欢把你放在里面，邻居们都抢着来看你。但是，我更喜欢带你去沙滩。

是你拯救了我。

作为机械师的父亲在 70 年代被辞退了，他坚持让妈妈出外工作。由于语言不通，妈妈不能到工厂工作，所以爸爸让她到法名戴尔的社区大学读书，在那里，她终于可以学习护士专业了。几年以后，她成为了一名护士。

爸爸带着妈妈第一天到大学读书的时候，她还只能死记硬背自己的社会保险号码。

我把当妈妈这件事想得太简单了，我根本没想到会有这

海滨一天 253

么累。我知道自己会享受当妈妈的感觉，但是几乎全部都得靠自己。鲍勃不是很喜欢穆迪，所以根本不帮忙带孩子。

第四个孩子出生以后，我崩溃了，跑进卧室大哭了一场。我说，我再也忍受不了了。四个孩子让我毫无一丝休闲，我觉得自己快要疯了。

鲍勃居然在意了，他第一次没有对我大吼，他安静地听着，但也就只有这些。后来，学校解放了我。我真正接触了社会，我喜欢学校。你爸爸不喜欢我上学，从第一天开始就不喜欢，但无论好坏，我上大学了。

当我怀上女儿凯瑞纳的时候，已经快 40 岁了——"资深母亲的年龄"，医生们是这么说的。

第一次怀孕长上的肉还在，而现在又加上了凯瑞纳的重量，我觉得骨头都要断了，每一寸肌肉都在疼痛。例行检查的时候，医生说孩子有可能患有唐氏综合征，因为正好赶上圣诞节，我得等待三个星期，才能得到最终确诊的结果。

现在，我的妈妈是全职的重症监护室护士，放下了一切事情，专门陪伴我，守护着我跨越为人之母的大门。

我所拥有的很多东西妈妈都不曾拥有：一个爱我的丈夫，无私地支持着我。一个或多或少健康的银行账户，还有一份我所热爱的体面工作，生产之后可以顺利回到工作岗位。我有一群真心为我好的朋友们，他们就住在附近，随时准备提供帮助。他们给我办了个派对,让妈妈觉得太过奢侈(我出生后几年里穿的衣服都是妈妈亲手缝制的),她因我朋友的慷慨而感到震惊。我有成箱用不完的纸尿裤,母乳期之后,还有成箱的婴儿奶粉。

当人们得悉我生了个女儿,便开始了老生常谈,一儿一女最好了,要是人人都是一儿一女就好了,男女比例就均衡了。(而我暗暗曾经希望再生一个儿子,虽然可以给小姑娘穿漂亮的衣服,给她编辫子,就像妈妈多年前给我编辫子一样)。妈妈说如果我再生个儿子她也会很高兴的。是的,如果是男孩儿也很不错。但是,还有一个诱惑,就是女人之间不可解释的千丝万缕的联系。

"我更希望你生个女儿,"妈妈私底下承认,"我全身心爱着你的小本,但是我仍然特别希望你能有个女儿。"我预备做剖腹产手术那天,妈妈这样对我说。我恳求医生让妈妈也进到手术室来,但是只有我丈夫林伍德才进得来。不要担心,她安慰我,她会和本还有我的继父赖瑞一起在医院休息室里等,会一直在那里。于是,我安心了。后来她第一个走进房间,亲吻了新生儿,然后马上来梳理我生产中弄乱的头发,一边一个辫子。她亲吻着我的脸颊,就像亲吻多年前那个婴儿车里的宝贝。

朋友们对于照顾新生儿有自己不同版本的故事:我真没法忍受我妈妈,哪怕只有一天,在照顾孩子方面,我们俩老是对着干,谁也看不上谁。自己的亲孙子,她照看不了一会儿就不行了。

诸如此类。

我却从没有类似经历。我和妈妈也有分歧:为什么要买昂贵的一次性纸尿裤呢？孩子哭就把她抱起来！把瓶子给她，别让孩子等！最后，我总是向她妥协，虽然我有自己的育儿之道，但我非常感激她提的建议。我知道什么呢？育儿专家就一定全对吗？母乳、午觉、起夜、疝气，没错，事先我是读了很多育儿方面的书籍，也很有帮助，但是一位母亲所需要的智慧要多得多。

有两段回忆被我深深留藏：一次，我坐在沙滩上极目远眺，深深地呼吸着夏日里海的芬芳，卡瑞纳就躺在我的怀里。她还没有一个月大，却已经熟悉了我的每一个动作、每一个想法。（我想：我离不开你——而她，闭着眼睛，也向我传达着同样的意思。）太阳还很高，风却已经来了，迫使我们蜷缩在岩石后面。卡瑞纳被紧紧地裹在毯子里，头上戴着帽子。她的圆滚滚的小手露出毯子，摩挲着我的肩膀，她仿佛清晰地意识到，除了生命，我给了她人生的第一个礼物——大海。

那一天是如此沉静。沙滩上几乎没有什么人，妈妈就坐在旁边，和我儿子玩耍。有那么一会儿，她跑向海边，在一层层涌上沙滩的海浪间追赶我儿子。看着她，我很羡慕那份精力，突然开始后悔这么晚才生孩子。

只是很短暂的后悔而已，凯瑞纳就已经开始啃我的皮肤了，于是我赶紧安抚她。我所拥有的已经弥补了我所没有的。过了一会儿，我把她递给妈妈抱，她把卡瑞纳紧紧贴在胸前。我跳进水里，开始尽情游泳，让海水尽可能远地把我带走。

还有一次是刚刚发生不久的事。我和妈妈手挽着手走过中心公园，从南边走到卡耐基音乐厅。刚刚离婚不久的她，经常带着我来这里听音乐会。当天下午有个独唱会，凯瑟琳·拜特尔五年后重归纽约舞台。

我们的期待是那么鲜活生动。我们一路走来，回忆着早年听过的她的唱片，猜想着她即将演唱的曲目。很久以前拜特尔的演唱会上，我瞥见妈妈正在随着音乐摇摆，回忆着小时候熟悉的歌词。

我和妈妈很享受肩并肩走在城市街道上的感觉。有那么多值得回忆、值得分享和值得期待的东西。我告诉她卡瑞纳在幼儿园里的冒险，她和小朋友们一起做的"刺猬蛋糕"，卡瑞纳说比贝蒂甜品店的蛋糕还好吃。妈妈听了大笑，她的笑声又带起了我的笑声。

我们转到了第七大街，开始放慢了脚步。"你知道，"妈妈说，"拥有一个女儿的感觉是无与伦比的。"（当晚回到家以后，凯瑞纳蜷缩在我的怀抱里，吵着要再听一个故事，再抱抱一次。她要我给她揉揉，然后咬着手指甜甜地睡了。我坐在她的床边，凯瑟琳·拜特尔的歌声在脑海中再次响起。沙朗·奥兹有一首诗：当爱来临，问我什么是爱，我回答，爱是这个小女孩……）

来到卡耐基音乐厅门前时，那里已经站满了人。我们走得气喘吁吁，却无比自在。

海滨一天

前方有龙

凯伦·卡博

> 质疑开启真知。
>
> ——卡里·纪伯伦

不久前女儿16岁了,提出要开一个甜蜜的16岁派对。我很吃惊。凯瑟琳一向不看重娱乐,这都怪我。当她还是小孩子,要求带朋友回家过夜,我教育她要把最好的枕头、冰淇淋最多的甜点让给朋友们,还要让她们决定看什么频道。结果,我的女儿从此厌倦了当"世界上最好的女主人"。但是,她依然想要一个16岁生日派对,不能安排在家里,要有专业的DJ。凯瑟琳决定要让这次生日成为最好的,压倒一切的好。

尽管如此,凯瑟琳是个理智的孩子,只是稍微受到一点点MTV《我的甜蜜16岁》的影响。这个MTV讲述了一群来自富豪家庭的孩子们开派对,五千美元的裙子,八百美元的美甲,当然最后还有豪车的钥匙。凯瑟琳的派对要简朴多了,但是我敢肯定会一样的棒。

我一边琢磨要订什么样的以及订多少蛋糕,上不上"真正的食物"(对年轻人来说就是Costco*的火鸡卷儿),买不买氦气球,一边禁不住想,凯瑟琳步入16岁以后,我应该教给她什么。

就在她生日的前一天晚上,一阵莫名的恐惧让我在凌晨三点醒来:如今凯瑟琳16岁了,我16岁的时候母亲去世了,以后我该怎么教育她啊。之前16年的经验都不足以指导以后。我算是正式进入未知领域了,以前走过的路线图无法指明前路的方向,面前只有一面写着"前面有龙"的警示牌。

我的母亲是家庭主妇中的佼佼者,是露天派对女王,最拿手的是丰盛的水果拼盘,麦泰鸡尾酒**,她可以从容办好一个16岁生日派对,还能清楚记得自己的威士忌放在哪儿了。我自己的16岁生日派对在惠蒂尔市家里的后院举行。当时才三月份,还不能游泳(那个年代,南加利福尼亚的人认为在家里建一个能自动加热的泳池简直就是浪费),夜晚很凉爽,空气里充满了茉莉花香。我穿了一条红白相间的吊带连衣裙。有些男孩子已经在喝第五杯金酒了。有个男人看到爸爸在泳池边写的牌子之后走开了,因为上面写着:"我们不在您家的厕所里游泳,所以也请不要在我家的泳池里上厕所。"哈哈!

整个派对可以说是被父母监控着的。他们就在楼上的卧室

---

*   美国大型仓储超市
** 鸡尾酒的一种,淡朗姆酒,在夏威夷极受欢迎

里，靠在床头上看电视。我父母存在于这个星球上就已经够糟的了，更别说还存在于我的派对上。（和我们那一代不一样，女儿和她的朋友们并不因为我们在场而感到尴尬，我们对他们来说更像是可靠的仆人。不过话说回来了，如果没有我们，谁来伺候他们呢。）

我的 16 岁生日派对是最好的吗，压倒一切的好吗？一定是的。那年的 11 月，妈妈被检查出有神经胶质瘤，一种非常罕见的脑癌，患上这种病几乎没有人能幸存。17 岁生日是我和妈妈在一起的最后一天，一周之后，她陷入了昏迷，她逝世的时候我正在学校。

女儿临近 16 岁，我的所有焦虑中最奇怪的一个是还没有传授给女儿我的母亲最基本的智慧。通常我都会想象，遇到类似问题时母亲会怎么说，或怎么反对。但是，接下来再也没有母亲的经验了。接下来，轮到我自己直面恶龙了。

来自母亲的建议基本上只有一个主题：如何捕获男孩子。她说男孩子喜欢那些能被他们讲的笑话逗笑的女孩儿。记住，千万不要让男孩子以为你笑的是他们而不是笑话。男孩子喜欢女孩儿认为他们很幽默，虽然其实他们很无聊，因为他们只会不断地说自己的那些破事儿。学习成绩要好，但是不能太好，只要能帮男朋友做功课就行了，千万别让男孩子以为你比他们聪明。（这也就是说在英语和法语课上可以得 A，代数和化学课最好得 B。）

母亲最喜爱的书是卡里·纪伯伦的《先知》，当她觉得自己特别具有哲学智慧的时候，就会引用上面的句子。这种时候经常发生在她做晚饭的时候，特别是喝过了几听啤酒。她会站在炉子边，搅拌着锅里的牛肉，然后说："《先知》上说，如果你爱上一个人，就放他走，如果他回来了，他就永远是你的了，如果他不回来他就不该是你的。"对于她的这些高深的话语，我通常的反应是："啊？"

但是，关于如何对付癌症、单身或如何与室友或同事相处，如何争取加薪，如何付账、储蓄、旅行、如何经营成年人的爱情和婚姻，对于这些我根本不记得妈妈给过我任何建议。她没说到过性，因为在她看来，男孩子们只等同于投资财产。

我唯一得到过的能被理解的建议是"多用眼睛"。当时我15岁。妈妈说我找不到男朋友的原因是我不知道怎么运用眼睛。这是女孩儿伎俩百宝袋中的常用招数，也是最简单的，我居然不会用，真是让人费解。使用我的眼睛就是说当看着一个男孩子的时候，眼睛里要充满崇拜，眼睫毛要忽闪忽闪的，还要娇羞地从下往上看。

我说："像这样？"然后开始僵硬地转动眼球，睫毛眨得自己头晕起来，终于从凳子上摔下来，一屁股坐在厨房的地上。我赶紧站起来。妈妈迅速离开了房间，她做意大利面的肉酱在锅里疯狂地沸腾。

好几十年了，我一直很困惑妈妈是否知道自己在做什么，她的建议我都听不懂，居然还能坚持不懈地教下去。她的建议甚至已经过时了。1967年去世时，她正值中年，从没接触过女权主义，更不知道女人根本不需要依靠男人，就像水里的鱼儿不需要依靠自行车。女权主义的浪潮还没有来到我们的村镇。

妈妈的一生就像一个古老的故事。灰姑娘一样的故事，琼·夏奇渴望着豪华游轮的高档舱位和剧院包厢。她出生于密歇根州伊斯兰提的穷人家庭，老穆德·夏奇的女儿。穆德的丈夫去哪儿了，没人说得清楚，有人说乔治醉酒回家的路上被火车撞死了。妈妈有两个不那么可爱的姐姐，罗琳比妈妈大20岁，茱莉娅比妈妈大22岁。她们又矮又胖，毫无出众之处，没什么思想，更缺乏幽默感。他们都嫁给了福特摩托工厂的组装工人。我妈妈却长得楚楚动人，走在街上回头率很高。她纤细柔弱，笑颜如花，敏捷灵动。她把所有这些都化作了婚姻的资本，嫁给了具有高学历、在福特公司做设计工作的白领爸爸。她在我身上希望同样的东西，她嫁得好，希望我嫁得更好。在她眼里，世界就是这个样子。

像世界上几乎所有的女儿一样，我就是没有按照她的希望成长。在我身上体现的现实带给了她无限的烦恼。我虽然遗传了她好看的外表，却是讽刺走调版的。我的头发长得到处都是。她是窄肩、窄臀、细腰、波涛汹涌。我却遗传了爸爸的宽肩膀和高个子。五岁的时候，我被医生鉴定为多动症，哌甲酯治不好我，但是大量的运动却很有效果。我加入了游泳队，这既让她松了口气，也让她担心得要死。我的行为确实安静多了，但是晒伤不断，几个月之内肩膀也变得更宽更强壮了。上六年级的时候，我就已经长到了五英尺八，体重也达到了117磅。妈妈带我去看了儿科医生，看看能不能让我停止疯长，我的成长大大打破了她的所有希望。

每隔72小时，就会有一本关于如何变得性感，如何让男人为你疯狂或者如何嫁个百万富翁之类的书籍加入我的书架。更别说看单身汉节目，以及大量投入婚纱的时间了。根据老处女作家洛瑞·戈特里比（40岁了还没结婚）在《大西洋月刊》上写的，只要这个男人还有一口气，还有阳物，就值得一嫁。

现在，钓上一个男人，任何男人，跟我妈妈50年前嫁给爸爸一样，是头等大事。想起自己的婚姻，妈妈至今还会得意地大笑。男人不过是投资财产。

作为我来说，我这一代的妈妈教育凯瑟琳那一代的女儿，情况已经大不相同了。经过痛苦的亲身经历（哪里还有不痛苦的途径），我发现男人也是人，也是容易犯错的、难预料的、令人失望的或超赞的，人。钓上一个男人，并不是一辈子的保障。很多政治运动风潮都可以给我强大的理论支持。而且，我也不能建议凯瑟琳要多用眼睛——她已经知道我从椅子上掉下来的故事了。我也不能让她少"自我"一些，来取悦别人，无论男人还是女人。

凯瑟琳的生活与我的生活是不同的，就像我的生活与妈妈的生活不同一样。在妈妈眼里，高中或大学是男女混合的最好场合，她经常提醒我要注意旁边座位的男生，班主任调换座位的时候，很可能带给我一个新的战利品。但是，凯瑟琳念的却是私立女子学校,妈妈一定认为我是个疯子,只为上学而上学。对凯瑟琳来说,体育课就是做运动的课,而不是与最受欢迎男生分在一个组的绝佳机会。

凯瑟琳接触男生的机会只局限于学校每年举行的舞会。她也通过公共学校的朋友认识了几个男生。但是男女派对并不常见,我猜是因为看电视的时候发发邮件是更容易的交流方式。

不久以前,凯瑟琳被一位中学时候的男同学邀请参加一个半正式的舞会,这个男孩现在在本地的一所教会高中读书。然后凯瑟琳和乔什就成了一对儿了,他们互发短信、邮件,他给她打电话,很像异地恋情,只是中间并没什么距离。然后,在舞会前两天,乔什给凯瑟琳留了一条语音短信,说他不能带她去舞会了,他病了,而且估计到舞会那天也不会好,虽然那是两天之后了。凯瑟琳和我已经买好了舞会的裙子、鞋子和耳环。本应是一个正式的约会的,她的第一次约会。凯瑟琳气坏了,心都碎了。我不知道该对她说什么。

我本来想骂人,但是,鉴于我不能在女儿面前说脏话,而且等她长大成人她也会有很多机会用这个词,所以,我说乔什最后一分钟变卦是因为第一次真正约会女孩子让他胆怯了,就这么简单。我把一切都归罪于乔什,而且本来也是他的不对。凯瑟琳并没做错什么。我决不会说是她太聪明了、太闹了、太风趣了、太爱玩儿了。我决不会说她必须坐有坐相,只是互发短信,哪个男孩儿也不可能挑剔她的坐姿。

如果母亲去世那年我 27 岁而不是 17 岁，我也许会开始怀疑为什么她给的建议那么空洞，没有涉及任何她个人的亲身经历，她是怎么得出这些真知灼见的。妈妈有很多格言警句，就是没有细节。而凯瑟琳则清楚我的每一个小故事。从商店回来的路上，我们讨论为什么喜欢你的男孩儿你却不一定喜欢他，然后我就给她讲了一个喜欢过我的男孩儿的故事。凯瑟琳说："他就是那个开着紫色甲壳虫在你家周围蹲守的人啊。他应该弯下身子，这样你就认不出是他了，但是，他又是你所知道的唯一开紫色甲壳虫的人，为什么他就不能不开那辆紫色甲壳虫呢。"

　　妈妈不愿意分享她自己的故事，也许因为她有一段秘密的往事。父亲是几年前去世的，当我整理他的保险箱时，看到一张报纸上的公示，就在父母结婚前六个月，妈妈把她的名字正式改为了琼·玛丽·夏奇，原名是琼· 玛 丽·雷克斯。谁是雷克斯？

　　有那么几个星期，我一直很害怕妈妈在爸爸之前有过另一段婚姻，很怕她对我的教育源于她糟糕的、逃开的第一段婚姻，得到那个男人的时候，她没有端正坐姿、挑逗眨眼、表现得聪明但又不是太聪明，那不是个能撑起她世界的男人。带着心碎，她于是建立起了一系列行为标准，以防过去的失败再一次出现。我认为我都想明白了。我把这一切都告诉了妈妈的一个老朋友，一位退休的警官，现在正从事私人侦探业务，看看能不能查出她的第一任丈夫。

　　没用一天时间，私人侦探就找到了妈妈的出生证明，出生地在密歇根州维恩郡，事实上她不是老穆德·夏奇的女儿，而是一对名为凯文和诺拉·雷克斯夫妇的孩子。

妈妈出生的时候，凯文18岁，诺拉16岁。文件上诺拉的工作是自由职业者，凯文则是诗人兼出租车司机。老穆德没有正式领养妈妈，只是把她带回了家，所以妈妈真正的名字在正式文件上从来都是雷克斯。为什么妈妈决定在结婚前的几个月把用了一辈子的雷克斯改成夏奇，至今仍是个谜。我猜她是不想留下任何线索证明她是个弃儿。

对我来说，这个发现并没有破坏我的家族归属感。倒是解释了我为什么会比表亲们高那么多，也解释了我的写作基因由何而来（祖父在表格上写的工作是诗人兼出租车司机，诗人在前）。

这些似乎可以解释妈妈那些奇怪的坚定不移的规则产生的原因，但并不能改变规则本身的性质。我很高兴她这些规矩都出自对安定的考虑，虽然她绝不会遗弃我，但是生活还是充满无数变数，她得确保我们有人供养（我们至今不知道妈妈是怎么成为老穆德的养女的）。

二月的一个雨夜，凯瑟琳的派对开始了。一个朋友把她的健身房借给我们使用，那是一所漂亮的砖头房子。我们在开始前两小时到达，我想象派对上会有一帮喧闹的醉醺醺的男孩子，他们用来耍闹的器具有加重袋儿、哑铃、瑜伽垫和健身球。他们会破坏什么？他们会偷走什么？

事实证明，根本不需要担心。来参加派对的50个孩子都很紧张，站成一个个紧紧的小圈子，肩并着肩。他们看起来很害羞，一起去取食物，一起跳舞。我还担心他们中的一两个也许对上眼儿了，然后偷偷溜到走廊那片的厕所去，但没有一个人有那份胆子。凯瑟琳的这些朋友们看起来是那么年轻，那么不经世事。我想，天啊，他们真该多出来玩玩。我还想象妈妈和我站在一起，看着同样的人，做着同样的评价。

女儿如今已经 16 岁半了，我一点儿得脑癌的迹象也没有（在另一篇文章里我表达了对这件事的担忧）。大多数时候，我们都很和谐。我只是时不时站在凯瑟琳的立场上，想象她的脑袋在想些什么。我给她的一条最基本的建议是，发现真正的自我，尽量对自己诚实，并相信世界上有人会像她爸爸和我那样发现她的可爱。我希望她能成为最棒的凯瑟琳，我希望每个人都有自己不同的道路，我希望事情最终都会好起来。我尽量避免站在高处宣布男孩子喜欢什么，不喜欢什么。毕竟，虽然妈妈控制欲强，偏见又顽固，爸爸却还是那么爱他。

我该对她说些什么?

瑞秋·萨拉

> 作为女儿的母亲,
> 如同作为母亲的女儿,
> 深入她的生活。
>
> ——莎朗·奥兹《物之理》

我永远不会告诉妈妈她很失败。

每次坐下来写这篇文章,我都畏首畏尾。这句听起来会不会太过分了,这句会不会太轻描淡写了。永远找不到合适的言语。一会儿,我为她辩解,一会儿又埋怨不断。

要忘记童年的痛实在不是一件容易的事。有些人一辈子都放不下,又说不出,沉甸甸地一直背着。不断怨恨,阴魂不散,尾随你一起进入成人的世界。

妈妈总是对别人说自从第一次阵痛,我就不断带给她痛苦,我情绪无常,神经紧张。她会说,我毁了每一次本该完美的家庭聚会。

幸运的是，孩子们总会自我疗伤，虽然只能暂时镇痛。但是2000年4月4日，女儿梅降临人世，从此改变了我和妈妈之间的僵滞。

妈妈的飞机刚刚降落在纽约市的土地上——她从北加州郊区来——我就被推进了产房，宫口已经开九指了。我是妈妈的头胎，梅是她的第一个外孙女。多年来，这是我和妈妈第一次拥抱，这是我幻想中完美的母女亲情，我希望这一刻能够持续永远。

但是，好事永远不长久。

梅七个月大的时候，我的男朋友就离开了。由于他狂躁阴郁和我的过分依赖，我们的关系从来都不稳固。与此同时，妈妈加入了富布莱特项目（Fulbright）*，并且前往摩洛哥教授英国文学，自此，她一下子爱上了拉巴特（Rabat）**，一年中有半年住在那里，另外半年住在加利福尼亚。

我搬回了加利福尼亚，妈妈虽然学会了发邮件，但是我们很少交流。我虽然想，但是不知道该怎么交流。梅六岁的时候，我的书出版了，书名是《单身妈妈的探索——各种约会》。起初，万事顺利，我上了广播，接受各界采访。

然后，我接受了美国广播公司（ABC）的邀请，参加一档

---

* 富布莱特项目开始于1946年，是美国在全球范围内开展的大规模国际交流合作项目。
** 摩洛哥首都。

《海湾看点》的节目,谈谈单身妈妈的约会生活。真是太刺激了。

当时梅正在放寒假,除了妈妈,我不知道该给谁打电话来照顾她。妈妈很高兴地接受了。

你能想到当时我的脑子里都忙着想些什么吗?电视节目。他们会问我什么?我该怎么回答?

但同时,也有深深的困扰。妈妈会对我书里关于她的部分作何想法,我的书她还没有读过。

当我把《单身妈妈的搜索》的书稿交给编辑的时候,里面几乎没有提到我的母亲。纽约的一位教授事先读过书稿,她给我和编辑打了一个电话。她说她被书里的内容深深吸引了,并且发现了一个非常值得发掘的缺失——我和我的妈妈。

她说书中这个"重要的漏洞"困扰着她。她十分渴望了解瑞秋和妈妈的关系。

我也十分渴望了解我和妈妈的关系。在一个晚上,我极力写了两段关于妈妈的文字,但是最后都删掉了。我从没有直视过妈妈和她带给我的痛苦,但是现在,我得直面她们了。

我注定要过略描述了,而且所用语言肯定不准确。但是交稿之枪就架在脖子上,精疲力尽的我最后把以下这页纸交给了编辑,这页纸是关于梅出生后妈妈远走他乡的事。

众所周知,真相从来都被层层包裹,而且非常复杂。事实上,在过去的六年中,我从没有彻底原谅妈妈反反复复的归来和离去。年复一年，我都盼望着她在梅生日这一天现身，但是，从没发生过。从此一生，我都会因此而失望，而我原谅她的唯一方法，就是成为我一生都没有得到过的——理想的妈妈。

今天，我发现，对她的失望从来都不是为了梅，而是为了我自己。我希望妈妈因为我而出现，我希望她记起我的生日，35岁之前都没有发生过。当我 36 岁生日的时候，她给我发了一封邮件。

录制完电视节目，我紧张兮兮地送给母亲一本我的书，书里还写了一句："我爱你"。当她坐下来开始读这本书的时候——尤其是看到关于她的那一段的时候——我不想旁观。所以我来到另一个房间，梅正在那里画画。

突然一本书从我头旁边飞过，撞在对面的墙上。我转过身。

"真是胡说八道！"妈妈大喊，那本书明显是瞄准我扔过来。

在摔门而出之前，她还加上了一句："你真是病得不轻。"

六岁的梅抱着她的彩色水笔看着我，"怎么了？"她问，眼睛里充满了惊吓和恐惧。

我没有回答。我跑出去追妈妈，但是她已经开着车离开了。

回到房子里，我抓起电话，然后走到梅听不到的地方，给妈妈打了个电话，还留了言："真的很抱歉。我没想伤害你，我很后悔写得过分了，我非常爱你。"

我该对她说些什么？ 271

"妈咪，怎么了？"当我回到梅身边，她问到。

"我写的东西让姥姥很不高兴，"我说，"现在很后悔。"

梅，是个早熟得让人惊讶的孩子，她说："但是，妈咪，每个人都有自己的感受。"

她是对的。

但是我让妈妈失望了。但是，我错了吗？我只是在描写事实而已。

过了几天，妈妈还是没有回电话。我给她写邮件再一次道歉，她回复到：

瑞秋：

但凡是人都能写出低俗淫秽的东西来，固然销量很好，却没有任何文学价值。用心理医生的话说就是"青春期的蠢蠢欲动"。你写的文字很伤人，彻底破坏了我们之间的感情。

建议你下次写写被遗忘的大龄剩女作家的个人传记。

真希望还能重拾曾经对你有过的爱，但是，这份爱消失了，虽然我还是你的母亲，依然关注你。但是，你在我心中曾经占据的特殊位置已经没有了。也许以后我会原谅你，下周，下个月还是明年，我不知道。

引用一句你以前男朋友说过的话："我已经不爱你了"。

我泪如泉涌，赶紧给最好的朋友打了电话，对她说我无法呼吸。如今，我仍不解，谁到底才是被遗忘的大龄剩女作家？

几周过去了。为了创作新书我踏上了旅程，目的地包括旧金山海滨、西雅图和纽约，虽然忙碌，但是自尊直奔谷底。

有那么一段时间，就像我对全世界坦白过的那样，作为单亲母亲，我经常约会。梅，遗传了祖母和我的情绪化，经常哭泣，易怒。

她开始在门上贴纸条："我想换个妈妈，你最小气。"

太棒了，真是太棒了。从没见过健康母女关系的我，命中注定要和女儿重蹈覆辙了。

几个月过去了，妈妈那边没有消息。她出国了，又回来了。后来，突然写了一封邮件给我，非常客套的语言，问她可不可以见见梅，当然，她当然可以见她。

我们驱车前往郊区，梅说："妈咪，你能给我讲讲姥姥把书扔到你脸上的事吗？"

我能说什么呢？没料到她还记得。

"姥姥当时很生气，通常当人们很生气的时候，总是做些欠考虑的事。"

后视镜里，她点了点头，好像明白了。

当我把梅送到母亲家门口的时候，我知道自己不能进到屋里。我尽量不让梅看出来我的脚步有多么沉重和忧郁。我按了门铃，把她的书包放在台阶上，低下头吻了吻她。门一开，我就转身离开了。

难道这就是我们下半辈子的相处方式？

或许，我写这篇散文就是因为我不希望一直这样下去。或许，如果我道歉了，就可以更正三代人之间的错误。最终，一切都会变得正确，但是，终将是我的一厢情愿。

七个多月的冷战，35岁生日没有收到来自妈妈的只言片语。以前即使不是住在同一片大陆上，生日她还能打个电话过来，但是，这次没有。

某个晚上，喝了一杯葡萄酒之后，我深深吸了一口气，给妈妈打了个电话。但是却无人接听，我留言到：

嗨，妈妈，是我。我打电话是为了再次向你道歉。冷战真的太别扭了，我不知道该做什么或是说什么，真是太难受了。

她第二天的回信让我大感惊讶，好的方面的惊讶。经历了近十个月的沉默，妈妈建议我们一起去咨询心理医生。

我立刻答应，甚至没有考虑这么做有没有用。妈妈的心理医生已经为她做了20年的心理咨询了，模糊记得十岁前被要求去见过她一次，那一次我拒绝了，希望20年后的我能够足够成熟。

见心理医生的前一晚，我失眠了。不知道第二天自己要说些什么，只是反复渴望：我要治愈我们之间的症结。

当然，还有一个不得不考虑的刺痛问题，我希望这篇文章能够被她接受。一想起要给她看这篇文章我就瑟瑟发抖。我知道绝不应该在没有她允许的情况下再写任何一个关于她的字母。幸好在心理医生办公室里,我感觉比较安全。

第二天下午,妈妈比我早到了一些,她坐在候诊室的沙发上。我试着去拥抱她,为了减缓尴尬,她把话题转移到我们都感兴趣的事情上:梅。

妈妈:"梅告诉你周日那天她自己一个人游泳穿过了整个泳池了吗?"

我:"真的,妈?她自己一个人?"

梅就像是一个柔软的皮球,在我和妈妈之间来回传递,我们全力不让它落地。不认识我们的人,还以为我们聊得很开心呢。梅是唯一可以谈论的安全话题。

但是,心理医生让我们说了别的。

心理医生让我站起来坐到妈妈旁边的位置上,还让我把椅子挪得离妈妈近一些,这样说话的时候,我们能直接看着彼此的眼睛。

我从房间的一边开始挪椅子,妈妈也开始挪椅子,我们在半路上相遇。我们坐得很近,膝盖对着膝盖。

"我喜欢你的鞋子。"妈妈小声对我说。

我笑了。妈妈总是有她可爱的一面,梅遗传了这点。我看着她的脸。

"能不能看着瑞秋?"心理医生对妈妈说。

妈妈抬起头来，但是她的眼睛左顾右盼。

"深呼一口气，然后再试试。"医生建议。但是妈妈始终没能看着我，她的嘴唇在抖动。

眼泪涌进眼眶。我感觉很伤心，为我自己，也为她。

看着我，妈妈。我不知道她为什么看起来好像很怕我，认为我会再一次伤害她吗？

我希望如果有一天无论梅是多么恨我，我也能无畏地看着她。有时候我实在忍不住对梅发火，但是多亏了多年来为自己做的心理辅导，我已经学会了去体会她的感受。虽然这很不容易。

你看，我已经把自己束缚住了，因为无论写妈妈什么，她都接受不了。如果写一篇让她喜欢的文章，是不是有用呢？

估计没用。她受伤了。这个伤口超越了我，是我无法修复的。

所以，我该对她说些什么呢？

我想对她说，离我近一些吧，而不是疏离。我和妈妈最近的距离就在这里了，在这张纸上。但是，这远远不够。

屋里屋外

凯伦·琼伊·福勒

> 穿上睡衣，
> 乖乖躺好，
> 猎龙的时间到了，
> 射箭的时间到了。
>
> ——摇篮曲，塞缪尔·耶伦《屋里屋外》

作为一个小孩子，我的女儿夏侬拥有双重性格。在家里的时候，她活泼、吵闹、自信。我告诉朋友们她特别能折腾，全家人都得围着她转，朋友们没一个相信的。他们眼中的夏侬害羞极了，别人问她问题，她却只把答案小声告诉我。上幼儿园已经一年了，我问她最喜欢什么。"窗帘。"她说。最不喜欢什么。"小朋友。"

不久之后，夏侬上小学一年级了，她很喜欢学校，因为她对上学很在行。在家她是个小讨人嫌，在学校却能高度集中几个小时做一件事。她是个小人儿，却有使不完的精力，画儿画得特好，学什么都飞快。

那时候,我经常开车送她上学,下了车还会陪她走到教室。她要求我这么做的,我也很享受这一小段距离——她经常一整天都沉浸在自己的事情里。但是,其他妈妈们都在校园门口说拜拜,而且夏侬的老师也不赞同我这么做,有那么几次老师还对我说,这是完全没有必要的。我说,我挺喜欢陪她走进去的。然后我们就结束了对话。

有一次课间休息,夏侬决心打破班里的单杠最高纪录,她的周围围满了人,她在最高的一根单杠上飞来摆去,还有专门的人计数。这时候,上课铃响了,孩子们一哄而散,夏侬着急下来,手脱了,掉下来摔断了胳膊。她哥哥和我把她抱起来送到了急救室。

几天之内,她对学校的态度完全改变了,每天早晨都要哭着求我准许她待在家里。学校里没什么好做的,是她的理由,她不能写,不能画,课间休息也不能玩儿,只能一直坐在那儿,坐在那儿,她最讨厌一直坐着。

为此,我和老师谈了谈,看看能不能找点儿她能做的事儿。老师认为夏侬有问题,种种迹象说明她可能得了抑郁症。她会召集学校的心理医生开个会,我和夏侬也要参加。

出人意料的是,这个会议并没有谈到夏侬的抑郁症或者她的伤,反倒议论起我每天陪她走到教室这一行为了。心理医生说,我没有很好地培养夏侬的独立性,还说,难道眼下不是一个弥补的好机会吗?这时,老师马上告诉夏侬,妈妈不会再陪她走到教室了。夏侬回到家里的时候还在流泪,我则感觉自己被算计了。

"她需要被从家里踢出去,"第二天老师对我说,"你要是不踢她出去,她自己永远走不出去。"过了一会,她又说:"在家里,夏侬是你的,在学校,她可是我的。"

当时,我还很年轻,而且看起来比实际年龄还小,所以外人经常据此批评我对孩子的教育。有一次在公园里,一个陌生女人居然问我孩子的妈知不知道我把孩子带出来玩儿了。但是,我知道自己是个好妈妈,我确信我是,因为我按照我妈妈抚养我的方式抚养我的孩子们,而我的妈妈是世界上最好的妈妈。

我的妈妈是一所护士学校的老师,专业就是儿童教育与开发。所以我不怕老师。

我爸爸就是心理医生,所以我也不怕心理医生。

所以,我径直来到校长办公室,告诉他,夏侬无论什么时候都是我的,只要我们俩认为有必要,我就要一直陪她走到教室。

有过的旅行

我一直都感受着强烈的家族归属感。祖母生了四个孩子,其中三个是女孩儿,妈妈是老大。祖母告诉我,祖父第一次向她求婚时,她说了不,因为结婚前她要先看看这个世界。所以她买了一张从明尼苏达州到加利福尼亚州的火车票,这时祖父追到火车站第二次求婚。就这样,车票都买好了,行李也准备妥了,祖母却跟着祖父回家了，因为祖父说，嫁给我吧，让我带着你看世界。

祖父实现了诺言，在四个孩子都长大成人之后。当我还是个小女孩儿的时候，祖父母去旅行了。我手上有祖母的旅行日志，所以我知道他们的旅行并不顺心。祖母一开始就患上了荨麻疹，不得不整天躺在船舱里，她在黑暗中忍受痛苦的同时，祖父却在船长的晚宴上，绅士般地和寡妇们跳舞。当她终于能走出船舱，接下来的旅程却不得不听一个接着一个女人对她说能嫁给祖父是多么地幸运。畅游整条巴拿马运河的时间，都让祖母用来调整心态了。

我的妈妈也渴望旅行，也是等到她的孩子们，我哥哥和我都长大成人之后才得以实现。当然，也许和世界大战带来的不便也有一定关系。我刚刚迈入大学校门的那一刹（我是家里最小的孩子），她和爸爸就出发前往南美洲了。作为准备，他们已经上了两年的夜校学习西班牙语。妈妈听力很棒，爸爸口语很好，所以他们俩加在一起在语言上完全没问题。他们结婚已经30多年，当时都已经是50多岁的人了，但是妈妈告诉我，在某些他们去过的地方，还是不允许他们同住一室，因为他们身上没有结婚证。

祖父去世了，父亲后来也去世了，祖母开始对日本产生了浓厚的兴趣。我的妈妈、妈妈最小的妹妹和丈夫还有祖母都一起去了日本。妈妈玩儿得不错，祖母就不能这么说了。当我问她旅程怎么样，她说她不喜欢米饭也不喜欢鱼，胃口简直糟糕极了。总之，她的动机是为旅行做一件套装，就像她多年前第一次前往东方国家一样，而且后来发现她其实想去的地方是香港，不是日本。在日本，无论她走到哪里，都有人想要摸摸她的满头白发，妈妈却觉得这挺有意思。

我16岁的时候，妈妈用她积攒的私房钱让我参加了学校组织的意大利之旅。16岁的我对同学的兴趣更多于灿烂的意大利，因为有太多可以八卦的事情。后来有个女孩儿和一个意大利人私自定了终身，被学校立刻遣返回国了。剩下的我们就被监控了，严格限定了外出的路线。我们住在佩鲁贾*一所修道院里，那里的饮食简直糟透了，想想吧，在意大利耶，我们却只有差劲儿的食物。窗户外面还有铁条，防止男生半夜爬进女生的房间。男生们就抓着铁条，吊在窗户外面叫我们，直到修女用扫帚把他们打下来。

我们回家的飞机着火了，所以只能迫降在爱尔兰。平安着陆以后，我才开始后怕，下一秒就有陌生人跑过来和我们拥抱，"你们的飞行员是世界上最棒的。"他们说。人们的声音颤抖，眼睛里闪着泪花。世界上最棒的飞行员全程都用非常镇静的声音与我们通话，让我们深信一切都在掌控之中，一切都是正常的。此时，他却站在我们身后的机坪上大口喝着威士忌。

我们在爱尔兰住了一晚，然后回到了1966年正值航空公司罢工高潮的纽约，所以，我这个用田鸡腿儿喂大的乡下姑娘必须得乘坐头等舱才能回到家。不过，总而言之，还次旅行还是挺不错的。

---

* 意大利中部城市。

后来，大学期间的一个夏天，我去了英国，而且再次来到了爱尔兰。这次旅行和哥哥一起的部分充满了冒险，自己单独旅行的部分平淡无奇。

未能成行的旅行

梦中，我是个大胆的人。现实中，却不那么有勇气。高中之后，我申请了两所大学。一所是伯克利大学。另一个是一个崭新的国际交流项目，校园建在一艘轮船上。伯克利相较比较便宜一些，而那所漂浮大学还没什么口碑，这让父亲很不放心。伯克利很近，我可以随时开车回家，很多高中同学都进了伯克利。

我记不清决定因素是什么了，总之我做出了最安全的抉择。我并不后悔。人的一生，在正确的时间做正确的事的机会并不多，选择伯克利就是其中之一。我的老师们都很专业，而且我用最少的钱获得了最好的教育。

大学一年级，我本来有个机会到挪威做交换学生，挪威是个我没去过的地方，也是我至今依然渴望去的地方。我拒绝了这次机会，因为我恋爱了，那个男人后来成为了我的丈夫。这次，我也并不后悔。所有这些未能成行的旅行也成了后来讲给孩子们的故事。

随着夏依渐渐成长，她的室内个性和室外个性越来越趋同了。六年级的时候，这两个性格重叠为室内的那一个。那一年，她转学了——完全是她自己的意思——并结交了一群志趣相投的好朋友，其中两个至今依然是夏侬的密友。高中老师经常向我抱怨夏侬过剩的精力，因为她连上课的时候也总是说个不停。

我们对夏侬说，负担不起海外留学，所以她选择了圣迭戈大学，一所她能找到的离家最远的大学。一次电话里，夏侬说她宿舍里的同学都来自标准的"男主外女主内"家庭，妈妈都是整天在家做曲奇的家庭主妇，只有爸爸在外工作。作为一个女权主义者，我沉痛地告诉她，我们家曾经也是这个样子的。我承认自己有时候也做过曲奇饼。"没错，"她说，"但是你起码公开地表示过讨厌这样。"

我从来没有试图把夏侬从窝里踢出去，只不过不失时机地抱怨窝里的生活而已。

更多的旅行

夏侬已经 24 岁了。至今，她已经走过了 65 个国家，踏上过包括南极洲在内的所有大陆，在哥斯达黎加、巴拿马、澳大利亚、新西兰、爱尔兰和英国都居住过几个月甚至几年。很多旅行，都是她独自完成的。

反过来，是夏侬把我从窝里拽了出来。几年前，她说服了我一起去探访马来西亚。在飞机上，我打开了她的旅行指南。上面有些地方发生过白人女性被强盗打劫的事件。"这个你看过了吗?"我问,她回答说看过了,我们不会去那些地方。(不过,后来那些地方我们也都去了。)

而且我们确实也遭到了打劫,不过不是被人,而是被猴子。旅程的最后,我们来到了马来西亚的自然保护区婆罗洲。我们回到房间的时候,发现自己被一个小分队包围了。一只大个头的公猴子抓起了浴室里的地毯,还把牙膏挤得到处都是,然后把它们都朝我扔过来。它的阴茎由于愤怒高高地翘着。后来我们才注意到,公园里到处都贴有"小心淘气的猴子"的警示标语。

我们整夜开着灯,黑暗的角落里,体形巨大的啮齿类动物咯吱咯吱地啃噬着我们的衣物。

我和夏依曾在西班牙过圣诞节。夏依旅行的时候,通常不提前预订酒店,到了当地再到处寻找合适的住处。她喜欢用脚走路,而不是搭乘交通工具,由于偏爱任意而为,也很少问路。和夏依在一起旅行,我们经常背着所有的行李,长途跋涉,然后住在不靠谱的地方。钱一般只花在博物馆、音乐会和饮食上。我们花费如此之少,更别提梳妆打扮了,有那么几次,我们被拒绝进入明显还有好多空位的高级餐厅,衣着就是主要原因。

通常,我们都能临时找到住处,但是新年前夜的塞尔维亚却一个空房间也没有了。后来,我们终于找到了一个地方,水准却突破了我们所能承受的最低限度,所以,没得说,绝不考虑。然后,很多个小时疲惫地搜寻之后,我们又回去住了进去。关于那个新年之夜,我的记忆中留下了两个印象:一个,在城市宽敞的广场上，快乐的人们拥挤如潮；伴随着钟声，新年的脚步一步步临近，人们和身边的陌生人分享香槟酒。之后，人潮慢慢消失在街头巷尾，地上留下了厚厚的一层碎玻璃。另一个，午夜过后，我们拖着疲惫的身躯回到不得不住下的地方，穿过破旧的厅堂，一个漂亮的姑娘独自坐在燃着蜡烛的桌旁用餐，她的脸上尽是悲伤。

夏依在南极洲找到了一份工作，工作地点在探索号轮船上。我曾去找她住过几个星期，游览了当地的无数景观。我们看到鲸鱼给小宝宝喂奶，看到海豹在大块浮冰上晒太阳，还有一大群一大群的企鹅。之后，我们一起去伦敦过感恩节，早晨被无数电话吵醒了无数次。朋友们打电话来告诉她探索号沉没了。所以当天接下来的时间里，我们坐在电脑旁，通过网络看探索号缓慢地逝去，一开始我们为旅客和船员们提心吊胆。看到他们成功获救之后，慢慢消失的探索号随之带给我们巨大的悲伤。那晚入睡时，探索号平躺在沉寂的海面上，第二天我们醒来，它已经彻底消失了。

我是如何看待我的女儿的？我认为她是一个活得很广阔的人，她充满了能量、想象力和好奇心。她热爱大自然，她也热爱历史和人文。在世界的那一边，她经历过磨难。我全心全意地希望可以抚平那些痛苦，但是伤痕依然存在。（虽然磨难也降临在了我的身上，就在一次普通的回家的路上。）

就像她的曾祖母、祖母和我一样，夏依也渴望探索外面的世界。但是和我们都不一样,她让渴望变成了现实。

回到马来西亚,被猴子们攻击、被老鼠恐吓之后;吃过菜单上那些莫名其妙的食物之后;在热带雨林里漫游,体会了不知道自己在何处,也不知道要去往何处的迷茫之后,我们在古晋*的一家卡拉OK里给夏侬庆祝生日。我们唱了《加州梦》(California Dreaming)和《乘机离去》(Leaving on a Jet Plane),听众是一位才华横溢的日本商人。从听众的反应可以看出我们演唱的水平,日本商人说这是他听过的最有勇气的歌声,他说我们很勇敢。

但是,他只说对了一半儿。我有一个勇敢的女儿,她的勇气不来自我。

---

* 马来西亚的港口城市。

"别来烦我,除非你眼睛流血了"

苏珊·微格斯

> 总之,睁大眼睛看看你周围的世界吧,真相往往隐藏在最不起眼的地方,不相信奇迹的人是发现不了的。
> ——罗尔德·达尔《逃家男孩》(*The Minpins*)

什么样的妈妈会对五岁的小女儿说这样的话"别来烦我,除非你的眼睛流血了"?

随便一本育儿宝典都会告诉你这么吓唬小孩儿是不对的。但是,人们总是能听到我说出如此毁灭心灵的话来,还不止一次。直到今日,我仍然相信女儿的内心深处留有伤痕。

我用这样的方式对伊丽莎白说话,因为它确实管用。她会立刻安静,不再吵着要喝果汁、让我陪她玩游戏、给她的布娃娃做一个房子、练习跳绳子、建议我怎么清除掉冰箱上的彩笔痕迹。然后,我,一个年轻的妈妈,一个教师,一个最近刚出过一本书的作家,就会在安静中顺顺利利地写完今天之内必须写完的东西。每个有孩子的家庭作家都会遇到相同的问题——交稿期限。所以你必须抓住一闪而过的灵感,赶紧把故事从脑子里挤出来,誊写在纸上。

好一会儿之后,当我从创作的激情中走出来,才发现似乎有什么不对劲儿。屋子里太安静了。任何养过孩子的人都对安静的房间特别敏感,这种安静绝不代表平静,多半儿意味着要发生什么坏事儿了。正常情况下,屋子里通常充斥着开门关门的嘭嘭声,开得很大的电视声,胡乱弹奏的钢琴声,还有不间断的尖叫和碎语,我女儿无论干什么都非得说出来不可。所以,安静,绝对不正常。

在一位妈妈的想象里,世界可以在瞬间毁灭。上一秒你刚刚意识到已经有很久没听到孩子闹腾的声音了,下一秒就发现她脸色发青地躺在地板上,裤脚缠在了架子上。只要那么一瞬,你就会极端痛苦地想到在被你忽视的时间里,这孩子受了多少苦。

在一通焦躁地寻找之后,我发现伊丽莎白正忙着画画,她画了一个有着金色卷发的小姑娘,眼睛里流出一串串红色的眼泪。

惨了。

她画的简直就是我恶劣的抚养方式,之后她还专门做成了一本书。我只能希望这本书的书名不叫《最亲爱的妈妈》。在我为了写某个故事的片段纠结奋斗的时候,我那被忽视的孩子已经完成了一个完整的故事,还自己做成了一本书。

我是否自责死了?后来有没有加倍赔偿她、陪她玩儿、给她讲好多个睡前故事？没有。我自豪极了。为什么？女儿简直就是个艺术家啊。还能说什么呢？我就是这样想的。

我爱女儿，我唯一的孩子，爱到疯狂。从她出生的那一刻开始，便把她视为上天赐给我的奇迹和瑰宝。很多女人都谈起过她们分娩时的痛苦，我却一点儿都不记得了。唯一能忆起的，是抱她在怀时膨胀的幸福感。这是我创造出来的，她是属于我的。

只是，偶尔，我也需要她给我一些安静。但是，我没用正确的方法告诉她这一点。

伊丽莎白把打印纸和牛皮纸用订书器钉在一起做成了一本书，书里甚至还有版权页和内封。这本书，用纠结在一起的字体手写而成，写得远远超过了她那个年纪应有的水平，让我瞥见了一个未来天赋作家的影子。如果过去两个小时里，我陪着她玩耍，她还能创作出这本书吗？我到底是做对了，还是错了？

你要是处在我的境地，你也会迷茫吧。

我可不是在这里鼓吹应该忽视孩子。但是，我确实认为对孩子太过关注并不科学。你也许再也找不到哪本育儿教材像我这么说的了，但是，我认为向孩子展示你对艺术的坚定决心和热情，却绝对有益处。在这个世界上，最聪明、最有悟性的就是小孩子了。你对她大声喊着眼睛里流血或头发着火之类的话，她其实是明白你的潜台词的。而且，我不只对伊丽莎白说眼睛里流血，我也对她说别的，比如院子里住着精灵之类的。"什么，别人说那只是萤火虫？你可别信。那就是精灵，绝对没错。"比如，如果你坐在飞机上,你没准儿正飞越一张巨大的地图。比如,只要头脑里有故事,你就永远不会无聊。我知道,对女儿来说,艺术和创作并不神秘,那只是妈妈工作时做的事情罢了。

后来伊丽莎白八岁了,上小学三年级。我觉得对一个作家来说,这一年是个分水岭,因为这个时候正是从模仿到自主创作的阶段。每当我写作的时候,伊丽莎白总是待在我身边,这个年纪的孩子,已经能够长时间集中精力了。

我创作第一本书的时候,用的是一支水笔,从一个透明的墨水瓶里吸墨水,你能看到墨水慢慢浸满笔管。女儿看我写作看了一阵子,然后问,"这些句子是从哪里来的?"

我想也没想说:"从这儿,从笔里流出来的。"

她对着笔仔细地研究了好一会儿,然后说:"我想借这支笔来用用。"

这是孩子们最擅长做的事儿:提醒大人们相信魔法。

我的妈妈是我的第一位艺术资助人。一旦我有了孩子,她一下子变成了我心中的女神,智商飞升50个点。如果不谈谈我妈妈抚养我的故事,就几乎没办法说清楚我对女儿的抚养心得。我所知道的关于养育孩子的经验,一半得自我的父母,另一半得自我的女儿。

60年代,母亲正当年,她穿着七分裤、凯兹牌运动鞋和水手衬衫,涂着红色唇膏,脖子上围着一条丝巾,永远只抽百乐门牌子的香烟。大学的时候,她的理想是当一个气象学家,但是她那保守的父母并不赞同。后来,她成了一名教师。这也许就是母亲千方百计支持子女实现梦想的原因。母亲是我的第一位写作老师。很小的时候,我就在教堂收集善款的信封上、在银行存单上涂鸦,母亲还会写下我口述的故事。这些故事大多是关于躲在树上的孩子和树下可怕的怪物。其实,跟我现在写的东西也差不多。

六岁的时候,冬天的末尾我得了肺炎。那时候,我们住在纽约西区,赶上了一场从未有过的大雪,我被严令禁止出门。妈妈一定给我读了无数的故事,什么《小狗冲冲冲》、《迈克马力甘和他的蒸汽挖土机》、《小乌龟耶托》等。她教我怎么织毛衣、弹钢琴。后来,她教我打字。

我们有一台老式的手动打字机,即使放在60年代,也能算得上古董。但是它看着就是那么吸引人,散发着无穷魅力。我坐在打字机前,双腿挂在椅子上晃来晃去,睁大双眼,被奇迹即将发生的期待淹没了。

我和妈妈肩并肩坐在餐桌旁。餐桌是黄色的,很高,我得在屁股下垫上好几本大百科全书才能够得到打字机。母亲教得有条不紊。她先从左手的四个字母开始:ASDF,然后我就开始反复反复地练习这四个字母的不同组合:FADS,SAD,AS,AD,FA……直到我可以盲打。然后我们开始学右手。我们每次只学习一个字母,直到我背会了整个键盘。她教我如何用 Shift 键把一个字母变成另一个字母,教我一个个奇怪的符号都代表什么意思,教我连字符的妙用。

当学会盲打键盘最上面那一行数字和符号之前，我的肺炎痊愈了。所以，直到今日，那一排数字和符号我还不会盲打。但是，那一段静寂的冬日时光却深深地印在了我的血液和骨头里。身体里的我苏醒了，意识到出版将是我头脑里所有故事的出路。当字母一个接着一个跃然纸上，我的故事也活了过来。对于一个成长中的作家来说，这一刻，她的整个世界都改变了。

其实，母亲教我这个发着低烧，百无聊赖，毛毛躁躁的小孩子打字，并不一定就是在培养未来的作家。她也许就是想让我有事可做，好让她有片刻的安宁。

但是，母亲的直觉是强大的，这是她的教育方式，用各种方式培育创造力。她认为艺术存在于万事万物，包括编织，也包括制作动物饼干。小时候，我和姐姐经常躺在卧室的床上，对楼下的妈妈大喊，央求她给我们弹钢琴。母亲最后总是会答应，弹起那架老钢琴，为我们催眠。勃拉姆斯的《摇篮曲》或者儿歌《卢比来了》就会飘飘摇摇爬上楼梯，飘进我们的卧室，三角形的窗户在月光下的投影，安静地躺在地板上。

在所有的艺术中，音乐是母亲的偏爱。她认为人应该每天都唱歌，而且要唱得欢乐，唱得自信。妈妈自己唱得最多的是《小布朗舞曲》，还有《女人心》*。

后来轮到我自己做妈妈了，很多地方都跟母亲一样。鼓励孩

---

* 莫扎特创作的歌剧。

子学习一种乐器,当然钢琴是最好的,但是其他的任何乐器也一样,哪怕是口琴或是口哨。经常唱歌,让歌声充满静寂,什么歌都唱。我们家的光盘架子上有很多音乐,一张张顺次放来循环地听,这也是为什么我们会熟悉《威廉退尔进行曲》、《仙旅奇缘》、《皮特和狼》和《音乐之声》里的每一个音符。

到了我们这一代,我和伊丽莎白按照自己的方式唱迪士尼的经典歌曲,跟着旋律翩翩起舞。有时候,我丈夫下班回来,会发现地板上用一摞摞书籍和毯子搭起来的帐篷。没错,有时候我们玩耍,有时候我全心写作,这就是职场母亲的行为平衡。如果家里有个小不点儿,你不得不陪着她一直玩儿一直玩儿。但是,小孩子们不觉得这是在玩儿,这是他们的成长行为,从早上睁开眼睛到困得倒头就睡的那一刻都是这样。千万不要惊讶,总有一天你当初那个可爱的、每天陪伴他玩耍的宝贝长大了,告诉你并不记得小时候一起玩耍的事了。

五岁的伊丽莎白如今已经24岁了,我不知道80年代会给她留下哪些印记,爆炸发型,喇叭裤,还是夸张的垫肩。她就要结婚了。她是个有才华,前途无量的作家。这辈子,我写作的时候,她不知道突然跑来捣乱过多少次,幸好,没有一次是因为眼睛流血。所以,就这样,挺好的。

关于作者

朱莉安娜·巴格特，出版过五本著作——《女生长谈》、《女士》、《美国家庭》,《太太》和《把我带到你身边》。与史蒂夫·阿尔蒙德合作撰写，以布里斯特·阿什尔的笔名出版《丈夫的心肝宝贝》。朱莉安娜还出版过三本诗歌集《母亲的国度》、《恋爱中的利兹·博登》和《滑溜溜的地图》,为《马格瑞姆先生的神奇玩具店》[*]和《芬威公园的王子》续写了前传。她与丈夫——作家大卫和四个孩子生活在一起，任职于佛罗里达大学，教授创意写作。她和丈夫还一起建立了一家非营利组织"孩子需要图书"。

盖勒·布兰迪斯，创作了《女性作家的创作灵感》、《字典诗歌》、《一本关于死亡之鸟的书》(荣获贝尔维德奖)和《自我存储》。2004年，《作家》杂志将她誉为"不一样的作者"。盖勒是一家草根组织"女人与和平"的成员，创立了"女人创造和平"组织。生了两个女儿，如今住在加利福尼亚州，从事写作和教学。

凯瑟琳·森特，创作了《人人都漂亮》和《灾难的光明面》，正在创作和出版两本新书。她六年级就开始创作小说，毕业于瓦萨尔大学，并荣获

---

[*] 美国电影，2007年出品，被评为当年最佳影片。

校级创作大奖,取得了文学硕士学位。凯瑟琳现居得克萨斯州,和丈夫以及一儿一女生活在一起。想要了解更多关于她的信息,可以浏览凯瑟琳的网站:katherinecenter.com.

阿曼达·奎妮,拥有爱荷华州立大学艺术硕士专业学位(MFA)。她的作品发表于《哈泼斯》、《纽约时报》等杂志和报纸,2008年与他人共同出版了《阿拉斯加的过去与现在》。她移居阿拉斯加,成为安克雷奇出版社的签约作家。目前,在阿拉斯加太平洋大学教授写作,在当地各大报纸杂志发表过大量文章和作品。

凯瑟琳·克劳福德,出版作品《如果你真想知道》,是自由作家兼任游戏网站和母婴网站的专栏作家。凯瑟琳现居布鲁克林,与丈夫和两个女儿住在一起,家里有一个特大号的浴缸。

奎因·德尔顿,是一本小说《强韧的弦》和两本故事集《防弹女孩儿》、《来世的故事》的作者。她的作品和文章出现在各大文学杂志和期刊上。可以浏览她的网站:quinndalton.com.

卡拉·戴夫林,她的小说出现在各大文学报纸杂志上,如《五个手指》、《暗号》、《方形的湖》。目前,和家人住在旧金山。

安·玛丽·菲尔德,作品发表于《纽约时报》。出版过文选《妈咪的战争》,现居旧金山,与丈夫和两个孩子住在一起,善于烹饪意大利面,善于讲述关于仙女或消防员的故事。

卡罗来·法雷尔,创作了故事集《别擦掉我》并凭借此书获得大奖。她的作品大多收录于个人文选《这不是鸡仔》[*],被誉为美国本世纪最棒的女性

---

[*] "鸡仔文学"指由女性撰写并且主要面向二三十岁的单身职场女性的文学作品。

短篇文学。法雷尔在莎拉劳伦斯学院教书，与丈夫和两个孩子住在纽约布朗克斯。

安·费舍·沃斯，她的第三本诗集《凯塔·玛丽娜》于2009年出版了。此外，她还是《蓝窗子》、《五个阳台》以及两本短篇故事集《诗歌小品》、《行走的武威》的作者。与人合作出版了《地球之躯》以及一本集合全球佳作的生态诗歌集。她曾经荣获《Malahat评论》颁发的杰出长诗奖，密西西比艺术学院颁发的瑞塔达芙诗歌奖等。作为交换学者到过瑞士和瑞典，担任当地ASLE（文学及环境研究院）主任。目前，在密西西比大学任教。

凯伦·琼伊·福勒，已经创作出版了五本小说和两本短篇故事集。她的第一本小说《萨拉·勘纳瑞》获得加利福尼亚最佳首创奖。《午后姐妹》入围国际笔会/福克纳奖总决赛，《简奥斯汀书友会》被《纽约时报》评为最畅销的小说。新书《江郎才尽》也于2008年4月出版。

艾米丽·富兰克林，已经创作了两本成人小说，以及《女孩儿年历》、《光盘说明》等一系列青少年书籍，出版了文选《完美谎言》、《光明节》。编辑了《以往：一本汇集了著名作家孕期故事》以及《厨房冒险》。请关注她的网站：emilyfranklin.com.

阿温·海利德，创作了《别碰猴子》、《旅行指南》、《脏曲奇》、《可疑的体验》、《喧嚣》、《跳槽》。她的第一本儿童作品《动物园里的小屁屁》已于2009年出版。

玛丽·豪格，在南达科他州中部的农场长大，创作了关于当地人和她家人的纪实作品。出版了《冒险与许诺》、《防线》、《一所房子和漫天风筝》、《疯狂的女人溪》和《女人谱写的西部历史》，她的作品还出现在《南达科他》杂志以及多档广播节目上。此外，还出版了《沃斯特兄弟》。玛丽非常感激她的丈夫——肯40年来的爱和支持，感激她的女儿——穆拉，因为她重新定义了母女关系。

考伊·哈特·赫明斯，创作了故事集《小偷之家》，以及第一本小说《后裔》，在《纽约时报》上刊登，如今已经出版了平装书。请浏览她的网站：kauiharthemmings.com 或 partywithaninfant.blogspot.com.

安·胡德，回忆录作家，出版了畅销作品《穿越苦难》、《环》和《拯救爸爸的生活》。她的短篇小说和散文出版在《纽约时报》、《巴黎评论》、《好胃口》、《旅行者》和《美食与美酒》等多个报纸杂志上。目前住在罗德岛。

凯伦·卡博，创作了三本小说《此地欢迎入侵者》、《钻石巷》和《当妈妈让我成为女汉子》，三本书都受到《纽约时报》推荐。《人物》杂志推荐了她的《生活点滴》，讲述了作者与父亲在他生命最后一年中发生的点点滴滴，该书还被姐妹广播书友会收藏，并获得了俄勒冈图书创新大奖。

谢拉·科勒，创作了六本小说和三本故事集。她的作品获得了欧亨利最佳小说奖。她最新出版的小说名为《蓝鸟》，一本根据美国作家露西·狄龙的亲身经历改编的小说。小说《裂缝》已经被拍成电影，由斯科特兄弟导演，夏娃·格林饰演G女士。

艾瑞卡·鲁兹，多部短篇故事均获过大奖，出版了多部文选。她的作品在各大报纸杂志上均有登载，如《我的宝贝》、《文学妈妈》和《法国：一个爱情故事》等。出版了七本非小说著作《宝贝进程》、《继父继母指南》等。艾瑞卡如今每月为名为《红尿布戒律》的专栏写作。

卓西·梅恩纳德，是11本小说的作者，小说《为谁而亡》和传记作品

《坐在家里周游世界》，已经被翻译成 11 国语言。如今卓西住在加利福尼亚的米尔谷，在那里她经营着阿迪德兰湖边写作工作室。可以浏览她的网站：joycemaynard.com.

爱丽丝·米勒，第一篇小说《渴望星星》在美国、日本和印度尼西亚均有销售。目前正与丈夫和孩子们居住在费城郊外。

杰奎莱茵·米查德，成名作《深海》，被《今日美国》认为是过去 25 年里最深刻的文学作品。此外，她还创作了 13 部小说，是《天堂》杂志的多产作家，正执笔为《女性家庭日报》撰写专栏。目前与丈夫和七个孩子居住在威斯康星州的麦迪逊。

凯瑟琳·纽曼，成名作《等待博迪》，是《家庭趣闻》和《幻想时刻》杂志的主编，《哦，欧普拉》杂志的作家。为宝宝中心网站创作《养大本和博迪》。她的作品被大量刊物转载和评论，她的《屋子里的贱人》被《纽约时报》评为最畅销的小说。目前与家人住在曼彻斯特。

卡特里娜·昂斯戴德，其作品在电影和《纽约时报》、《她》等各大报纸杂志上频频出现。被授予美国和加拿大国家杂志奖提名奖。目前，她是《女主人》杂志的专栏作家。她的首部作品《幸福为何》于 2006 年出版，其后卡特里娜和丈夫及两个孩子定居于加拿大多伦多。

露西卡·奥尔思，在马尼拉居住过五年，为一家非营利性组织工作。还在伦敦、北京、华盛顿和亚洲多地生活过。毕业于圣母大学法学院，目前在堪萨斯印第安国立大学教书。她和丈夫住在一座 90 公顷的农场上，养育了三个孩子。她的成名作《圣婴典当行》的背景设定在马尼拉，该部作品于 2008 年出版。

芭芭拉·拉斯科夫，她的第一份与写作有关的工作是采访 MC Hammer[*]。其后为《滚石》、《人物》等杂志撰写文章。她的作品包括《犹太节日趣闻》等。目前正致力于创作一本故事集，和丈夫、女儿住在纽约。

瑞秋·萨拉，她的《单身妈妈约会宝典》、《相亲》、《牵红线》等书里描述了约会时的种种误区。在她的网站"单身妈妈网"上，她的文章包含了爱和性。她还为《家庭》、《孕妇》、《美国宝贝》等多家杂志创作文章。目前和八岁的女儿生活在旧金山海湾地区。

劳瑞·格温·沙彼洛，三本著作的作者，《出人意料的撒雷曼》、《ALA 笔记》和畅销小说《汤团继承人》。专门为年轻人创作了两本著作。劳瑞还是一位电影人，出品过纪录片《河流在右》，并因此获得了独创精神奖。她的网站：Lauriegwenshapiro.com。

泰拉·布雷·史密斯，出生并成长于夏威夷。是《妈妈、女儿和旅行》的作者，出版过传记作品，为年轻人写作了《在其间》。和德国丈夫住在纽约。

艾伦·苏斯曼，《荤话：性生活百科全书》的作者，该书于 2008 年出版。她出版的《坏女孩》曾获《纽约时报》最佳出版奖，《旧金山编年史》最畅销小说奖。还创作了著名的《这样的夜》。她的网站是：ellensussman.com。

海瑟·斯薇，她的两部作品《艾略特的巴拿马》和《甜蜜柠檬》均获得印第安纳州 2005 年最佳小说，编辑传记《最佳作者怀孕故事》。她的短篇故事集、散文和杂文在各大著名报纸杂志上均屡屡得见。她的第一篇青年小说《小矮人和我》于 2009 年出版。海瑟与她的丈夫、孩子和狗狗现居布鲁克林，她的母亲是那里的常客。

---

[*] 美国黑人歌星。

阿什莉·沃里克，先后出版过三部小说，《寻找生活》、《六月之夏》和《心的距离》。她是最年轻的霍顿·米夫林文学成就奖获得者，还是多家报纸的专栏作家。2006年，成为全美艺术基金会会员。阿什莉目前任教于北加利福尼亚女王学院和南加利福尼亚州学院，教授艺术和人文。

苏珊·微格斯，她的生活里只有家庭，朋友和小说。她居住在普吉海湾，在船上与同仁谈诗论文。她的小说被翻译成不下十种语言和文字，多部作品都被《今日美国》、《华盛顿邮报》和《纽约时报》等评为最畅销小说。苏珊毕业于哈佛大学，曾担任老师，喜欢徒步旅行、摄影和滑雪，不会打高尔夫，但是最爱的还是蜷缩起来读一本好书。她的网站：susanwiggs.com，博客地址：susanwiggs.wordpress.com。

萨拉·伍斯特，她的作品收录在《希腊》、《爱情故事》和《五月皇后》等多部文集里。她的绘画作品曾经多次在阿姆斯特丹、伦敦、日本和纽约展出。 她的非小说类文学作品《森林宝贝》，描绘了在明尼苏达州落后的医学环境下生产宝宝的真实经历，可以在她的网站sarawoster.com上读到。最近萨拉出版了新书《生存技巧》。目前与丈夫和孩子们住在布鲁克林。

鸣　谢

衷心感谢我的监护代理人,埃玛纽埃勒·阿尔斯堡。她的细致、支持和工作热情助成了本书的成功出版。特别感谢温蒂·舍尔曼和米歇尔·鲍尔,感谢你们的大力协助。

感谢安·莱斯利·图特,她是一位特别有才干的编辑,能与这么一位有天赋和洞察力的专家一起工作,我感到特别荣幸。

感谢泰拉·凯里,你的封面设计得棒极了。

感谢金伯利·埃斯库,我最亲爱的朋友和知己。她是个神奇的女人,我的最佳搭档编辑,感谢你带给我无穷的灵感。

感谢你,我的读者们,我们的工作离不开您的支持和理解。

同时,我要把爱奉献给我的家人:道恩·理查森和黛比·理查森,大卫·沃里克和玛丽安娜·沃里克,奥森·伯林根和尤福诺·伯林根,杰克森·布莱恩和露丝·理查森,柯林·道德和温蒂·道德，维特尼·金和吉奈特·金。

感谢 Playdate 咖啡馆的工作人员和好人们。

感谢伊丽莎白酒店：感谢对我女儿的格外照顾。

乔·沃里克，我和你一起生活多年，每一时每一刻我都很幸福，你每天都带给我智慧和激情。

最后，我必须感谢这本散文集，感谢我的母亲，我的女儿，我永远属于你们。

版权说明

散　文

《装满妈妈》ⓒ杰奎琳·米查德，2009

《永记不忘的事》ⓒ凯瑟琳·森特，2009

《发誓承诺》ⓒ安·玛丽·菲尔德，2009

《心声》ⓒ谢拉·科勒，原名《请你听见》，载于《The Oprah Magazine》杂志，2004

《园丁妈妈》ⓒ凯瑟琳·纽曼，2009

《妈妈50岁》ⓒ卓西·梅恩纳德，载于《家庭制造》杂志2005年10月刊

《面具之下》ⓒ艾瑞卡·鲁兹，2009

《母女疗法》ⓒ朱莉安娜·巴格特，2009

《管好钱包》ⓒ海瑟·斯薇，2009

《情愿的付出》ⓒ玛丽·豪格，2009

《母亲的意味》ⓒ芭芭拉·拉斯科夫，2009

《近海》ⓒ泰拉·布雷·史密斯，2009

《有毒的钢笔》ⓒ盖勒·布兰迪斯，2009

《不是她理想的女儿》ⓒ安·胡德，原载于《女士家庭日报》2005年11月

《原谅》ⓒ爱丽丝·米勒，2009

《文尼和英吉，玛格利特和我》ⓒ阿温·海利德，2009

《浴缸里的启示》ⓒ凯瑟琳·克劳福德，2009

《这才是最重要的》ⓒ艾伦·苏斯曼，2009

《别人的妈妈》ⓒ卡特里娜·昂斯戴德，2009

《说你，说我》ⓒ艾米丽·富兰克林，2009

《无与伦比的真实》ⓒ卡拉·戴夫林，2009

《布鲁克林女孩儿》ⓒ萨拉·伍斯特，2009

《母亲的韵致》ⓒ安·费舍·沃斯，2009

《可能的你》ⓒ阿曼达·奎妮，2009

《电话密友》ⓒ劳瑞·格温·沙彼洛，2009

《寻找妈妈》ⓒ考伊·哈特·赫明斯，2009

《学会倾听》ⓒ阿什莉·沃里克，2009

《身体还记得》ⓒ露西卡·奥尔思，2009

《妈妈的约会建言》ⓒ奎因·德尔顿，2009

《海滨一天》ⓒ卡罗来·法雷尔，2009

《前方有龙》ⓒ凯伦·卡博，2009

《我该对她说些什么》ⓒ瑞秋·萨拉，2009

《屋里屋外》ⓒ凯伦·琼伊·福勒，2009

《别来烦我，除非你眼睛流血了》ⓒ苏珊·微格斯，2009

非常感谢被允许从以下文章中节录内容：

《松动的嘴唇》，季米亚·道森ⓒ2006，摘录内容已获作者许可

《回忆》，琳达·麦克凯瑞斯顿ⓒ2000，摘录内容已获作者许可

《长发公主的妈妈》，凯罗琳·威廉姆斯-诺人ⓒ2006，摘录内容已获作者许可

关于本书编者

安德里亚·N.理查森，除本书外还编辑出版了多名著名男作家描述父女亲子关系的《父女情深》。即将出版一本关于初恋的散文选。她编辑的文选获得了各大报纸杂志社的好评，例如《纽约时报》、《旧金山编年史》、《波士顿环球》、《父母》、《红书》、《世界》《半身像》和《每日糖果与圣经》。目前，她与丈夫和女儿住在北加利福尼亚。请访问她的网站：www.nickirichesin.com。

图书在版编目(CIP)数据

母女情深/(美)理查森编;张培译.—北京:商务印书馆,2017
ISBN 978-7-100-12010-4

Ⅰ.①母… Ⅱ.①理…②张… Ⅲ.①母亲—亲子关系—通俗读物 Ⅳ.①B843-49

中国版本图书馆CIP数据核字(2016)第036286号

权利保留,侵权必究。

母女情深
——34位女性作家深情分享母女牵绊

〔美〕安德里亚·N.理查森 编
张培 译

商 务 印 书 馆 出 版
(北京王府井大街36号 邮政编码100710)
商 务 印 书 馆 发 行
北京新华印刷有限公司印刷
ISBN 978-7-100-12010-4

2017年1月第1版　　　开本880×1230 1/32
2017年1月北京第1次印刷　印张10⅜
定价:32.00元